"十三五"普通高等教育本科部委级规划教材

苏永刚◎主　编　　孙莉萍◎副主编

时装款式图
表现技法：
女装1300 例

国家一级出版

中国纺织出版社

全国百佳图书出版单位

内 容 提 要

这是一本关于时装款式图表现技法的基础学习用书。书中讲解了时装款式图表现技法的基础知识、基础运用，并从材质、类型等方面进行案例分析，力图从廓型到局部、从材质到类型进行详细阐述。同时，书中呈现了 1300 余款式图范例，对近五年流行的时装款式进行了分类介绍，兼具艺术性与启发性，便于读者学习、练习。

本书内容循序渐进，知识层层剖析，形式图文并茂，特别适合高等院校服装设计专业的师生作为教材或专业书学习使用，也适合于服装设计从业人员和研究人员参考之用。

图书在版编目（CIP）数据

时装款式图表现技法：女装 1300 例 / 苏永刚主编 .
-- 北京：中国纺织出版社，2019.3
"十三五"普通高等教育本科部委级规划教材
ISBN 978-7-5180-5708-5

Ⅰ . ①时… Ⅱ . ①苏… Ⅲ . ①服装设计—高等学校—教材 Ⅳ . ① TS941.2

中国版本图书馆 CIP 数据核字（2018）第 272074 号

策划编辑：李春奕　　责任编辑：谢婉津　　责任校对：武凤余
责任设计：何　建　　责任印制：王艳丽

中国纺织出版社出版发行
地址：北京市朝阳区百子湾东里 A407 号楼　邮政编码：100124
销售电话：010—67004422　传真：010—87155801
http://www.c-textilep.com
E-mail: faxing@c-textilep.com
中国纺织出版社天猫旗舰店
官方微博 http://weibo.com / 2119887771
北京玺诚印务有限公司印刷　各地新华书店经销
2019 年 3 月第 1 版第 1 次印刷
开本：889×1194　1/16　印张：16
字数：184 千字　定价：49.80 元

凡购本书，如有缺页、倒页、脱页，由本社图书营销中心调换

前言
PREFACE

　　"白帕青衫"与"蟒袍玉带"描述的是两种不同的时装款式，反映出的却是两种不同的人生境遇。在历史长河中，时装款式随人类文明一同发展变化，折射出多元的文化内涵。进入 21 世纪，随着第三次工业革命的爆发，时装款式传播更广、更新、更快。

　　时装款式图不仅是展现时装绘画基本功的重要形式，也是表达创意设计的重要手段，从时装款式图，我们可以发现设计师最初的艺术理想和设计理念。时装款式图本质上是对时装整体廓型、细部构造等的详细描绘，起着规范指导作用，对后续立体裁剪、加工工艺具有重要的指导意义。目前，不管是艺术专业类院校还是综合性大学，在开设的时装设计专业课程中，时装款式图的设计和绘制都被作为时装设计类人才培养的一门必修课。

　　随着工业技术、计算机技术的发展，时装款式图形成了丰富多样的表现形式，掌握其表现技法就显得越来越重要。如何在新形势下展现个性鲜明的创作意图，如何在掌握绘画技法的基础上形成系统的设计思维，如何将设计技术与设计思维进行有效融合，以及如何在课程体系中衔接各个时装设计流程并做出积极的教学探索，是本书编写的重要缘由和主旨所在。

　　本书遵循循序渐进、循循善诱的原则，内容包括基础知识、基础运用及款式表现三大内容，兼顾艺术性与启发性，便于读者学习、练习。依据布鲁姆认知学习目标分类原则，书中融合多位学者的观点，介绍了时装款式图的基本概念与表现技法等，力求让学生灵活掌握，提高专业素质，最终将表现技法运用到真实的时装设计实践中。

　　鉴于此，本书可作为我国服装设计类专业学生的设计方法课教材，也可成为各高校从事服装设计教学、研究人员的参考用书。由于作者专业水平有限，对于书中存在的问题和不足恳请读者指正。最后，感谢提供实例作品的各位老师和同学。

编者

2018 年 7 月

目录
CONTENTS

第一章
时装款式图表现技法的基础知识

第一节　时装款式图表现技法概述

一、时装款式图的概念

　　时装款式图伴随着人类造物与创形派生而来，是运用创造性的手法以平面图形的形式展示人们的衣着装束，是人们为追求美而形成的富有节奏的创作形式，是现代时装设计产业中展现细节说明的表现形式之一。

　　时装款式图广泛运用于时装设计、生产、销售等领域，是依据人体基本形态特征，按照一定的比例，采用简明清晰的线条绘制而成，表现了时装的外轮廓、结构线、省道、明线以及面辅料等之间的结构关系，使时装整体与局部、局部与局部之间协调统一。内容涉及款式结构、工艺特点、装饰配件等，兼顾时装的整体与局部，是为进一步细化制作流程而形成的具有科学依据的示意图。如有必要，可以用线条加少许阴影或淡彩绘制，并配以具体文字说明及面料小样（图 1-1-1）。

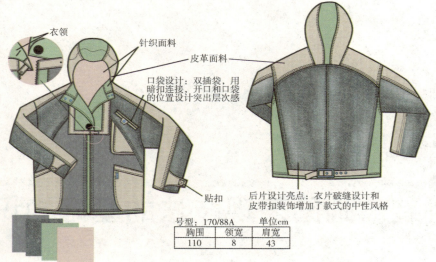

号型：170/88A　　单位cm

胸围	领宽	肩宽
110	8	43

（1）夹克款式图（作者：孙莉萍）

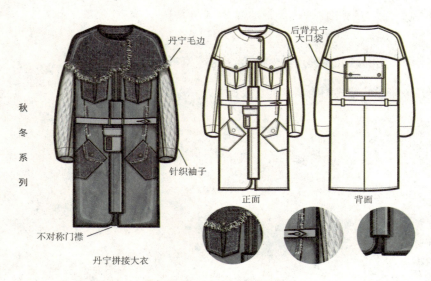

（2）大衣款式图（作者：江丽俐）

图 1-1-1　时装款式图

二、时装款式图与时装效果图的区别

时装款式图和时装效果图都从属于时装平面表现形式的范畴，但从时装设计到制作完成，二者所起的作用各不相同。

时装款式图侧重于指导时装生产，绘图时省略对人体的描绘，以简易的线描方式呈现时装的正背面、外轮廓造型、内部结构、分割线、细节等。

时装效果图是指设计师将脑海中构想的时装按照一定的结构比例，通过直观的绘画形式表达出来的一种设计图稿，它不仅表现时装的款式、色彩、面料、工艺等，还注重表现人体与时装搭配所营造出来的画面效果和氛围，是辅助时装成品的重要桥梁（图1-1-2）。

图 1-1-2 时装效果图（作者：卢艳玲）

三、时装款式图的分类

时装款式图是时装效果图的具体化，是设计师与板师、工艺师沟通不可缺少的桥梁。随着工业设计的发展与进步，时装款式图表现手法已跨越了传统的款式表现模式，正朝着戏剧性和多样化进行变革，在表达外部造型、款式结构、材质表现上均有突破性发展（图1-1-3）。

根据生产用途，可将时装款式图分为两类，即平面款式图和规格图。尺寸数据标识准确的称为规格图，它是对平面款式图的进一步细化，会在平面款式图的基础上标明尺寸，注明具体的工艺要求和配件类型等。平面款式图和规格图有利于设计师与板师、工艺师之间的沟通，使板师、工艺师更好地理解设计师的设计意图，做出准确的成衣样品。

根据款式图展现方式，可分为严谨规范式时装款式图和轻松随意式时装款式图。严谨规范式时装款式图比例准确、结构严谨、尺寸精确，采用理性的绘图方式而弱化透视及虚实变化效果，因此具有很强的平面感，在时装行业中应用最广。轻松随意式时装款式图更鲜活，不要求左右对称，可以有虚实变化、透视效果，造型线更自由随意。

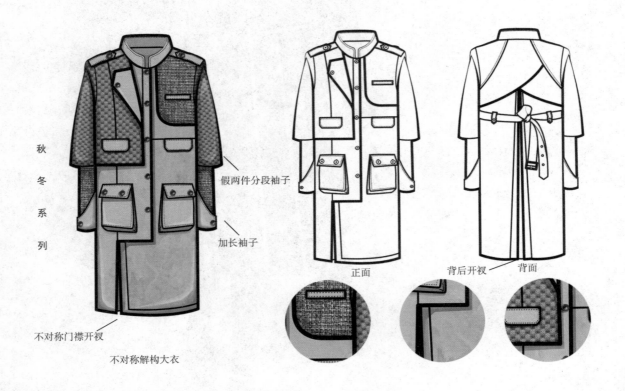

秋冬系列

假两件分段袖子

加长袖子

不对称门襟开衩

不对称解构大衣

正面　　　　　背后开衩　　　背面

图 1-1-3　时装款式图——平面款式图（作者：江丽俐）

四、时装款式图的表现原则

时装款式图作为时装款式设计的重要组成部分，其绘制应遵循一定的原则，以便更好地将设计理念付诸实践。基本原则主要如下：

（一）完整性

时装款式图是设计师、板师以及工艺师完成工作的参考图，在绘制时必须保证整体造型完整。可以从上到下、从左到右、从正到反细致勾画，力求线条均匀、结构规范。有时为了保证线条顺直，还可借助尺子绘制（图 1-1-4）。

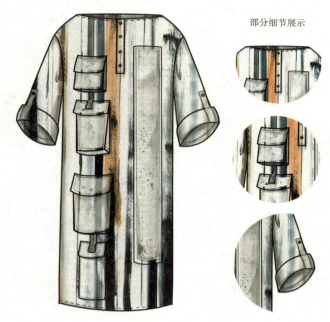

部分细节展示

图 1-1-4 时装款式图的完整性（作者：于旭敏）

（二）合理性

时装附着于人体，其款式图必须以人体结构和数据作为依据，符合人体工效学的基本特征（图 1-1-5）。

变化款式

（1）品牌 Filynn 2016/2017 秋冬
秀场图

（2）款式图绘制（作者：孙莉萍）

图 1-1-5 时装款式图的合理性

（三）准确性

款式图是时装外轮廓和结构线的组合，绘制必须合理准确，尤其是时装零部件、装饰和工艺配置必须表达准确且符合实际生产制作的要求（图1-1-6）。

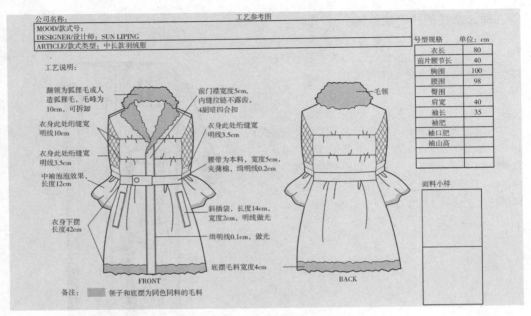

图1-1-6 时装款式图的准确性（作者：孙莉萍）

（四）美观性

款式图不同于效果图，无须融入个人绘画风格，但仍要保证画面美观。表现美观性需注意两个方面：一是款式图线条处理，掌握"外粗内细"的原则；二是款式图的布局处理，依据特定的图稿调整款式图的平面布局，如展示正、背面款式时将两者分开，平行呈现，也可以采取错位排列的方式（图1-1-7）。

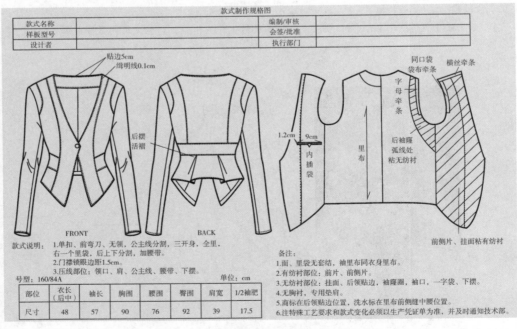

图1-1-7 时装款式图的美观性（作者：孙莉萍）

第二节 时装款式图绘制工具及表现方式

一、时装款式图的绘制工具

时装款式图的绘制工具多种多样，应根据不同的设计意图选择适合的工具，以达到理想的设计效果。手绘时装款式图时，主要绘制工具如下（图 1-2-1）。

（一）笔

绘制时装款式图的用笔相对时装效果图而言较为简单，主要选用软硬适中的铅笔、自动铅笔、针管笔等。铅笔以 2B 型号较为常用；自动铅笔也非常方便，通常配备的自动铅笔笔芯以 0.5mm 和 0.7mm 居多，这种笔只需更换笔芯，方便快捷；针管笔也是款式图绘制的基本工具之一，绘图清晰明了，线条均匀，其笔尖大小决定了线条的粗细，可以在绘制款式图前配备粗细不同的针管笔，以达到不同的表达效果。

（二）纸张

绘制时装款式图的载体选择多样，如打印纸、素描纸、水粉纸、白色卡纸等均可。还可以配备一些硫酸纸，因为硫酸纸透明度和强度高，也不易变形，在绘制款式图时可以进行款式图的复制和临摹。

（三）橡皮擦

一般而言，可以选择绘画专用的 2B 和 4B 等型号的美术橡皮。

（四）尺

款式图相对效果图而言更为严谨和规范，常常借助尺绘制，通常使用的是比例尺、直尺、曲线板、三角尺等。

（五）其他工具

根据需要，也可选用圆规、夹子等工具。
另外，还可选择电脑数码绘制，便于保存备用和灵活修改。

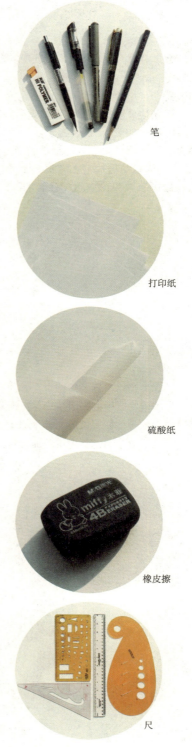

笔

打印纸

硫酸纸

橡皮擦

尺

图 1-2-1 绘制工具

二、时装款式图的表现方式

时装款式图是辅助时装设计完成的主要表现形式之一，其表现方式多样、多源、异构，不同方式所表现的效果有差异亦有相通之处，常见的表现技法如下。

（一）手绘表现

手绘是最为常用的一种时装款式图表现方法。一般分为两种形式：

1.草图形式

用简易的线条快速表达款式结构，大至外轮廓，细至各部件的粗略比例等。草图常源于设计师的灵感乍现，快速表达设计师的灵感与想法，其绘制效果简约，只体现基本结构造型。它的特点是方便、快捷、随意性较强，以快速表达设计者的款式构思为目的（图 1-2-2）。

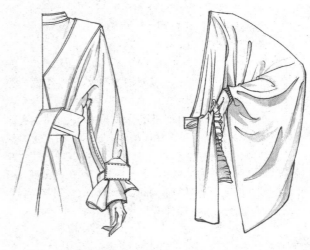

图 1-2-2　草图形式（作者：汪子程）

2.刻画形式

即在草图基础上，进一步刻画和完善（图 1-2-3）。这类时装款式图绘制较草图严谨，具体表现时需注意以下四点：

（1）时装款式的结构比例必须符合人体的形态比例，初学者可以采取在人台平面模板上进行款式图的绘制。

（2）衣身结构应绘制平衡，因手绘存在误差，故可以借助标尺绘制。

（3）注意局部描绘，如领口造型、分割线、扣子、口袋、缉明线、拉链等。

（4）注意缉明线的绘制，其虚线粗细、间距大小会影响款式整体造型。

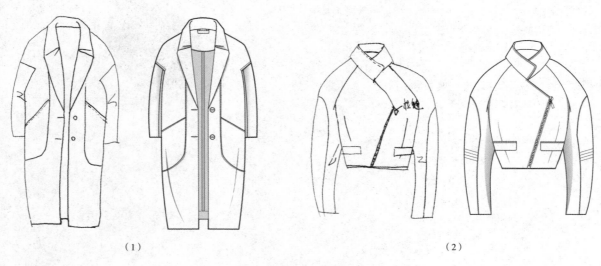

（1）　　　　　　　　　　　　　　　　（2）

图 1-2-3　刻画形式（作者：孙莉萍）

（二）电脑数码表现

电脑款式图的绘制是每位时装设计师必备的基本专业技能，其特点是方便快捷、操作性强、准确性高，由于可以给时装填充面料，因此直观性更强。目前，运用较多的款式图绘图软件有 CorelDRAW、Illustrator、Photoshop 等，这几个软件在绘图方面有许多相通之处，结合运用效果更佳。其中 CorelDRAW 和 Illustrator 在款式图的线稿绘制方面运用较广。下面以 CorelDRAW 软件为例介绍时装款式图的绘制。

1. 线稿绘制

在 CorelDRAW 软件左边的工具箱中，有非常便捷的线稿绘制工具（图1-2-4），如矩形、圆形、多边形工具等。如果需要设定图像大小，在软件的属性栏中可以更改相应的数据，以调整到所需尺寸大小（图1-2-5）。若想使用不规则曲线，可以选择左边工具箱中的贝塞尔工具和形状工具进行调整。

2. 线条调整

软件可以提供各种式样的线条，粗细线、虚实线、单双线应有尽有，我们需要选择恰当的线条辅助设计，体现完美的时装款式。绘制款式图的一个要点就是"外重内轻"，即"外粗内细"，也就是外部轮廓线要粗于内部分割结构线。在左边的工具栏中有轮廓笔工具（图1-2-6），打开轮廓笔工具会出现一个对话框（图1-2-7），里面有各种轮廓笔的样式、粗细和颜色。若以 A4 大小的纸张绘制款式图，外轮廓线可选择 0.7~1mm 笔粗，内部结构线以 0.5mm 左右笔粗为宜，缉明线可选择 0.35mm 笔粗的"虚线"（图1-2-8）。以上笔粗大小仅为参考，可以根据实际情况进行调整。

图 1-2-6　轮廓笔

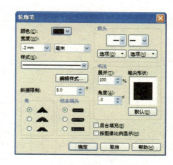

图 1-2-7　轮廓笔对话框

图 1-2-5　属性栏调节

图 1-2-4　工具箱中的绘制工具

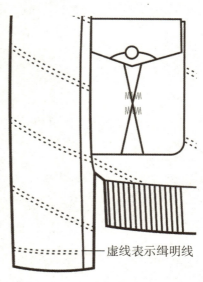

——虚线表示缉明线

图 1-2-8　缉明线

3.衣身结构平衡

制作时装时，常常要求注意衣身结构平衡，绘制款式图也不例外。在利用电脑软件绘制过程中，保证衣身结构平衡比手绘容易许多，一方面可以借助软件呈现的辅助线和参考线绘制，操作时将鼠标移至绘图区域左边或者上面的标尺处，按住鼠标左键不动，向工作区域中心进行拖动，就可以出现相应的参考线或辅助线（图1-2-9）；另一方面，在菜单栏中选择"视图—网格"可以在界面中形成以5mm为单位的网格线，以辅助款式的绘制（图1-2-10）。如果是对称款式，则绘制方法更简单，只需要"复制—粘贴—镜像"调整即可。例如，绘制左右对称款式的具体操作是：先绘制款式的一半，然后选中图形，单击鼠标右键会出现对话框，选择"复制"，然后再单击鼠标右键"粘贴"，最后选用镜像工具 调整到所需位置即可；或直接选择"复制"和"粘贴"的快捷键"Ctrl+C"和"Ctrl+V"，然后选用镜像工具调整到所需位置（图1-2-11）。这样的绘图方式不但方便快捷，而且准确度、平衡性高。

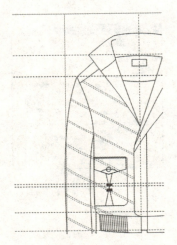

图1-2-9　辅助线

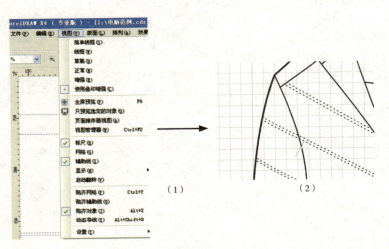

图1-2-10　辅助线绘制款式

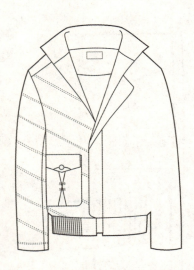

（1）完成款式图内部一半——左边的
绘制效果

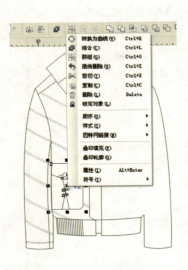

（2）将左边款式图内部与右边相同的部分进
行"选择—复制—粘贴"

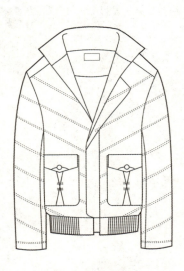

（3）选用镜像工具再进行微调

图1-2-11　利用镜像工具完成左右对称款式

4. 面料填充

完成前述款式图线稿绘制后，可以根据需要对款式图进行面料填充。CorelDRAW 软件中有两种填充方式，一是软件右边有一个调色板工具（图 1-2-12），选中图形，挑选颜色，单击鼠标左键即可填充，但此填充效果呆板，毫无质感；二是软件左边工具箱中有一个填充工具（图 1-2-13），打开填充工具对话框，里面有不同的填充效果可供选择。但请注意，这些都是软件自带的填充效果，绝大多数情况下，很难找到与实际面料相同的填充效果，所以我们可以拍摄自己已有的面料，然后添加到软件中，再填充到款式图上（图 1-2-14）。

在 CorelDRAW 软件中，进行面料填充前必须确保绘制的线稿图形的线条是完全封闭状态。

在 Photoshop 软件中进行面料填充更为方便快捷。

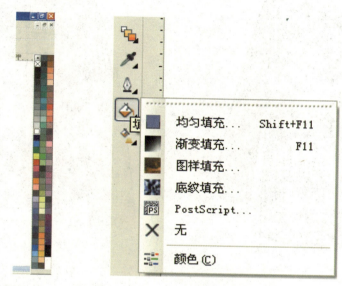

图 1-2-12　调色
板工具　　　　　图 1-2-13　填充工具

图 1-2-14　面料填充（作者：孙莉萍）

电脑数码表现款式图范例（图 1-2-15）。

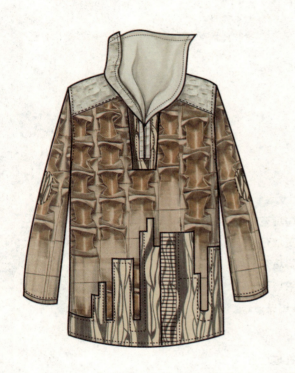

图 1-2-15　电脑数码表现款式图范例（作者：于旭敏）

（三）拼贴与多种媒介混合表现

在绘制时装款式图时，拼贴与多种媒介混合表现形式运用较少。这种手法艺术性、趣味性和创新性较强，准确度较弱，多出现在高校教学中，用以启发学生的创造灵感，培养学生的创新能力和动手能力。这种混合表现形式的素材丰富，如生活中的树叶、报纸、木屑、豆类等都可以加以利用，且表现形式与手法灵活多样，给创作带来了趣味性和愉悦感，但大多存在储存问题和操作问题，表现形式趋向于艺术展现，不适于表现时装成衣。

拼贴与多种媒介混合表现款式图范例（图 1-2-16）。

图 1-2-16 拼贴与多种媒介混合表现款式图范例（作者：杨琳悦）

第二章
时装款式图表现技法的基础运用

与其他设计门类的款式图一样，时装款式图也以基本的框架、结构、部件作为基准，即注重廓型、结构、局部，这是时装款式图表现的基础。

第一节　时装款式图廓型表现

时装的廓型（Silhouette）指时装外部造型的剪影、侧影或轮廓。在时装流行趋势研究中，"廓型"是流行预测的重要内容之一。

时装的廓型千变万化，反映着时代的特点、流行的风格。时装廓型可以简单归纳为字母廓型、几何廓型和特殊廓型等基本廓型。下面介绍几种常见的基本时装廓型的表现手法。

一、A 型

A 型时装廓型，也称之为三角形廓型。其特点是缩小肩、臂，夸大胸部以下或腰部以下，构成上小下大，类似字母"A"的三角造型。整体造型活泼可爱、充满青春活力，因此比较受年轻女性的欢迎，多用于大衣、连衣裙。其主要表现方式有：以肩为基准展开的斗篷型、以臀或大腿及以下为基准展开的喇叭型等（图 2-1-1）。

（1）示意图　　　　　　　　　　　（2）款式图

图 2-1-1　A 型时装廓型

展现 A 型款式的三个要点：

（1）"上小下大"。款式的上半部分可以贴合人体，也可以适当放松，下半部分向外扩展，需注重款式的整体谐调性。

（2）线条的凹凸处理。款式图的绘制虽较为严谨，但依据 A 型款式的特点可以适当调整外部轮廓线，如 A 型裙装，可以将裙装两边的线条向外凸出呈外弧线状，体现款式的柔和感。

（3）款式结构线的合理定位。如将廓型开始扩张的位置上移，则产生腿部变长的视觉感，但上移过多则会显得身材比例失调，所以 A 型款式结构线的定位是其款式造型的关键。

A 型时装款式图范例（图 2-1-2）。

图 2-1-2　A 型时装款式图范例

二、H型

H型时装廓型，也称之为箱型或直筒型。其特点是不夸张肩部、不收缩腰部、不夸大下摆，形成自然宽松、类似字母"H"的直筒造型。整体风格修长、宽松、简洁、自然随意，表现出干练、中性的特征。因此，此类廓型多运用于男装，而女装中大衣、休闲装和家居服运用较多，礼服运用较少（图2-1-3）。

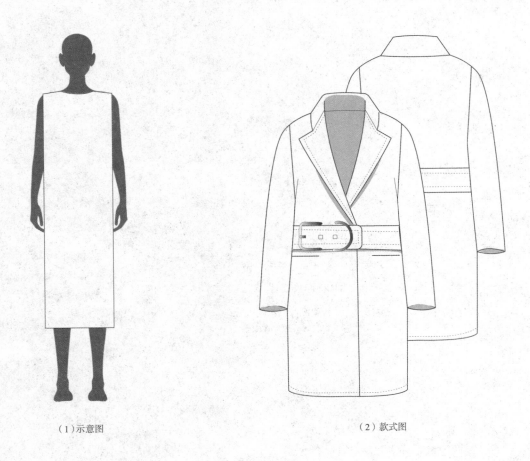

（1）示意图　　　　　　　　　　　　　　　　　　　　　（2）款式图

图 2-1-3　H 型时装廓型

H型时装廓型从肩端起直线垂下，无明显的结构收缩或扩大，以宽松结构为主，结构分割线相对较少。H型既可以是裙装，也可以是上装。展现H型款式的两个要点：

（1）H型时装的结构线和省道较少，不要盲目地绘制省道线或做胸腰差的结构处理，结构、工艺表现一定要合理、准确。

（2）线条应简洁顺畅，垂直方向的线条应尽量接近直线，突出H型的干净利落、简洁大方。

H 型时装款式图范例（图 2-1-4）。

图 2-1-4 H 型时装款式图范例

三、X型

X 型时装廓型，又称为沙漏型，充分展现女性优美的三围曲线。其款式以夸大肩部、紧束腰部、突出臀部或夸大裙摆为主要特征，多用于女性的裙装、礼服、创意装中（图 2-1-5）。

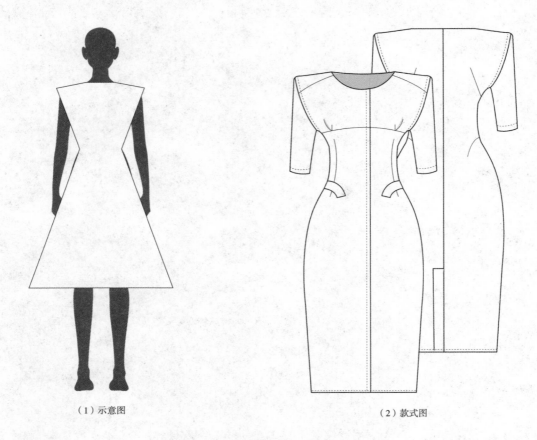

（1）示意图　　　　　　　　　　　　　　　　　（2）款式图

图 2-1-5　X 型时装廓型

展现 X 型款式的两个要点：

（1）X 型好比两个尖对尖的三角形，尖代表廓型的最细处，其位置对款式风格具有较大影响：如果最细处在腰以上、胸以下，时装会显得休闲、活泼、时尚感强烈；如果恰好在腰的最细处，则显得稳重；如果在大腿部位，则趋向于鱼尾款式或 S 型。所以要根据设计与人体比例灵活运用 X 型。

（2）通常，X 型下身夸大部分大于上身夸大部分，这主要缘于视觉感受，如果上身部分比例过大，会有上重下轻之感；而下身夸大，则给人稳重之感。

X 型时装款式图范例（图 2-1-6）。

图 2-1-6　X 型时装款式图范例

四、Y型

Y 型时装廓型，类似于倒梯形、倒三角廓型，其特点是夸大肩部、收缩下摆，形成上宽下窄的 "Y" 字造型，近似于男性的体态特征，给人洒脱大方、权力威严之感，在男装、前卫女装以及表演时装中运用较多。这种廓型往往肩部结构较为复杂，绘制时需要表达清楚（图 2-1-7）。

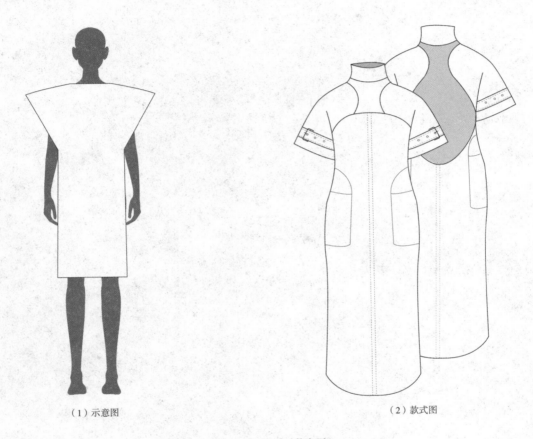

（1）示意图　　　　　　　　　　　　　　　（2）款式图

图 2-1-7　Y 型时装廓型

Y 型时装廓型用于女装，不仅能表现女性的妖娆婀娜，更给女性带来了强大的气场。展现 Y 型廓型款式的两个要点：

（1）结构分割线以胸部到腰部的位置为佳，重点强调的部位是肩部，可以在肩部增加衬垫、填充物，改变袖山造型或是做面料的堆积处理。

（2）臀部或下摆收拢以贴合人体，这与肩部的复杂造型形成主次关系，下摆设计应尽量简洁，减少烦琐的装饰，以免影响整体造型。

Y型时装款式图范例（图 2-1-8）。

图 2-1-8　Y 型时装款式图范例

五、O型

O型时装廓型，又称椭圆形廓型。其特点是肩部自然贴合人体，肩部以下衣身向外扩张，到下摆再往内收，短款近似于圆形，长款近似于椭圆形。O型没有明显的棱角，线条自然流畅，廓型比较圆润饱满，给人柔和、随意、悠闲之感。多用于休闲装、运动装、创意装、家居服，面料多选用毛呢面料，也有选用针织面料（图2-1-9）。

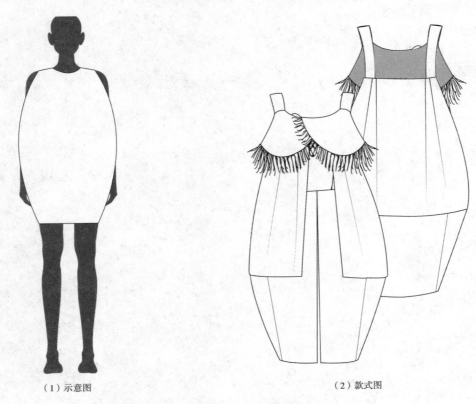

（1）示意图　　　　　　　　　　　　　　（2）款式图

图 2-1-9　O 型时装廓型

O型时装款式图范例（图2-1-10）。

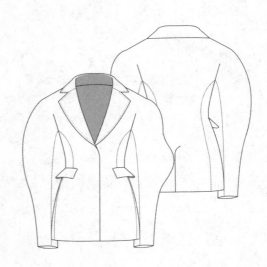

图 2-1-10　O 型时装款式图范例

六、几何型

几何型时装廓型是以几何造型命名，此类廓型包含前面所述的以英文字母命名的 A 型、H 型、X 型、Y 型和 O 型，如三角廓型就是 A 型、矩形廓型就是 H 型，还包括各类几何剪影造型，如酒瓶型、酒杯型、陀螺型、磁铁型等。

几何型时装款式图范例（图 2-1-11）。

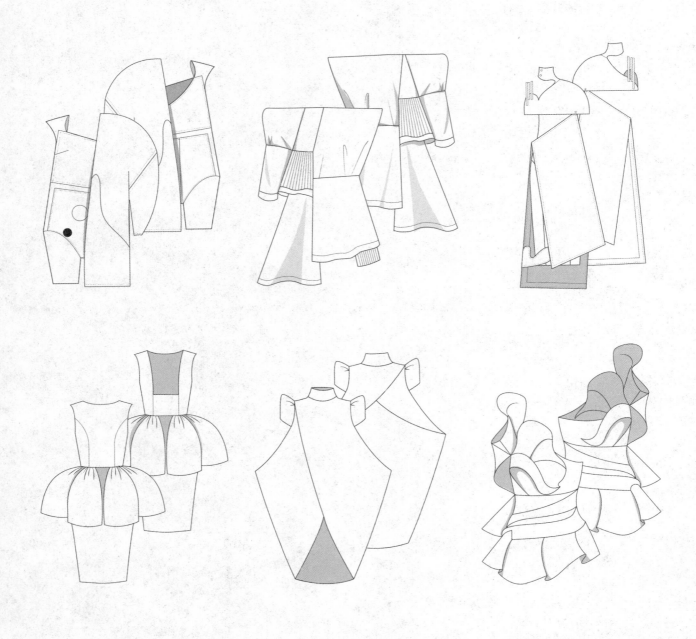

图 2-1-11　几何型时装款式图范例

七、自然型

自然型是时装廓型中最常见的一种，主要强调女性三围曲线变化，体现女性特有的优雅气质。

每一种廓型都有着各自的造型特点和风格，不同的廓型给人不同的审美感受，这就需要设计师融会贯通，灵活运用，既可以单独使用某一种廓型，也可以将两种或多种廓型组合使用，形成更加丰富多彩的时装廓型。

自然型时装款式图范例（图2-1-12）。

图 2-1-12 自然型时装款式图范例

第二节　时装款式图结构与工艺表现

　　结构是塑造外在廓型与款式设计的基础，也是修饰和调整整个时装形态的关键，必须做到两点，一是强调时装的功能性，具备一定的合体度与舒适度、便于行动；二是注重美观性，满足人们的审美需求。

　　工艺与结构一样至关重要，是实现时装的基础，也可起到装饰作用。不同的时装款式会采用不同的结构与工艺，下面介绍几种常见的结构与工艺表现手法。

一、分割线

　　分割线又称剪缉线、破缝线，是实现时装合体性与美观性的基础造型线，在进行结构处理时，需要将面料分割成不同的部分，再将它们重新组合，完成从平面到立体的塑型过程。在分割线的设计与表现中，设计师需从时装的整体到局部进行把控（图 2-2-1）。

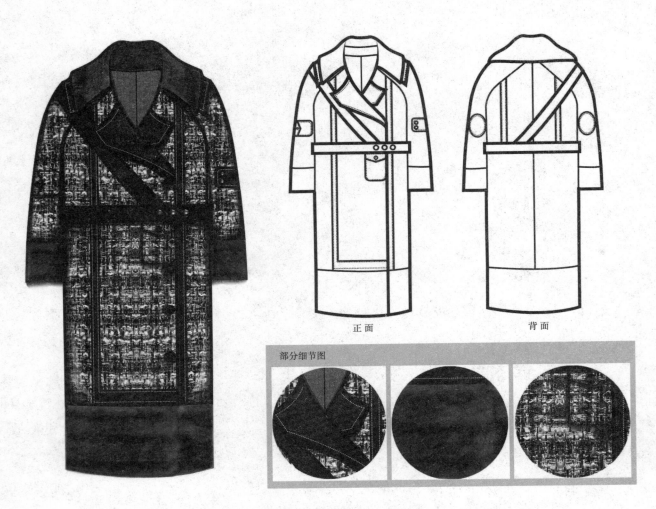

正面　　　　　　　　　　背面

部分细节图

图 2-2-1　具有分割线的时装款式图（作者：江丽俐）

（一）按用途分类

按用途，分割线分为功能分割线和装饰分割线。

功能分割线是指塑造时装形态、满足人体体态和行动需求的必要分割线，以塑型为目的，如前后衣身的分割、衣身袖子的分割、上下衣身的分割等，这些都是为了满足人体基本的行动需求。功能分割线也具有一定的装饰作用，如公主线的分割、腰线的分割、臀围线的分割，既实现特定的造型效果，又具有一定的装饰作用（图2-2-2）。

装饰分割线是一种纯粹以装饰为目的的分割线，不以塑型为目的，仅仅是为了视觉美观，装饰分割线的表现形式多样，如通过分割线的方向、线型变化，融入拼接、图形、贴条、绗缝等，给款式造型带来一定的装饰效果（图2-2-3）。

 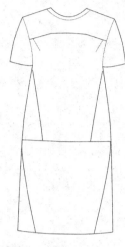

图2-2-2　功能分割线　　　　图2-2-3　装饰分割线

（二）按风格或形态分类

按风格或形态，分割线分为直线分割、曲线分割和斜线分割。每一种线型所呈现的视觉效果不同，风格各异。

直线分割既可作为装饰分割线单独存在，也可融入于功能分割线中，它具有庄重、严格、简洁、明快之感（图2-2-4）。

曲线分割给人柔和与律动感，在时装款式中的作用不容忽视，可以呈现女性柔美的形体曲线。另外，曲线也可以图形的形式存在，通过曲线分割，呈现灵活、自然的艺术效果（图2-2-5）。

斜线分割给人运动、轻松、刺激、富有张力的感觉，多运用于运动装和时尚前卫的时装中（图2-2-6）。

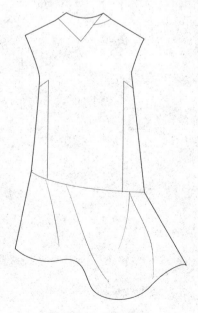  

图2-2-4　直线分割　　　　图2-2-5　曲线分割　　　　图2-2-6　斜线分割

分割线在时装款式图中的表现范例（图 2-2-7）。

图 2-2-7　时装款式图范例——分割线

二、省道

省道是指将面料覆盖于人体体表上，将余量折叠缝合的部分，其作用是塑造合体造型，常用省道有胸省、腰省、肩省、腋下省等。

省道变化多样，通过省道转移可为款式增添设计感和趣味性。

省道在时装款式中的表现范例（图 2-2-8）。

图 2-2-8 时装款式图范例——省道

三、工艺变化

时装工艺多种多样，不同的工艺形式赋予时装不同的风格和韵味。如一件男西装，在边角位置缉明线和不缉任何明线，会呈现截然不同的效果，休闲西装多缉明线，而正装款式往往不缉明线。

绘制款式图，应注意工艺表现准确，常见工艺有：

（1）缉明线。

（2）贴边。

（3）缝份外露。

（4）褶裥、堆叠。

（5）部件处理，包括部件的组合或重叠，如领子可以多层重合，塑造立体造型。

工艺变化在时装款式中的表现范例（图2-2-9）。

图2-2-9　时装款式图范例——工艺变化

第三节　时装款式图局部表现

局部处理在时装设计中不容忽视，常常经过设计师巧妙构思，成为设计的亮点，精致、富有创意。时装的局部设计和整体造型相辅相成，应合理把握。

一、领

领是时装的重要部件，因其靠近脸部，故极易引起观者的注意，是造型设计的重点。领型式样繁多，依据不同的款式选择适宜的领型，给整体时装增添亮彩。

领型主要分为无领、立领、翻领，而每一种又可以有千变万化的造型。

（一）无领

无领是领型中最简单的一种，可以根据人体颈部和肩部做相应的位置调整，常见的无领分为圆领、方领、V领、船型领、一字领、连身领等。

无领局部表现范例（图 2-3-1）。

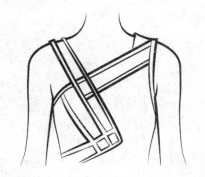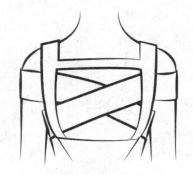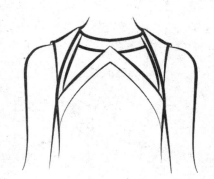
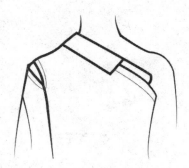

图 2-3-1

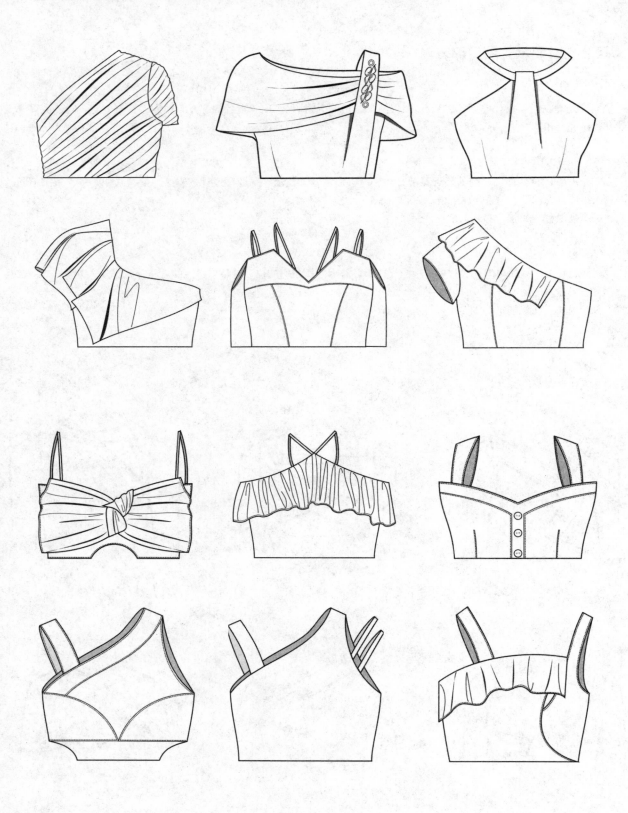

图 2-3-1

图 2-3-1　无领局部表现范例

（二）立领

立领是一种只有领座没有领面的领型。立领的位置随衣身领围线而变化，领高可以根据款式整体设计做相应调整，但要保持领型的竖立、平稳状态。立领多用于旗袍、中山装、礼服、罩衫与大衣等。

立领局部表现范例（图2-3-2）。

图2-3-2

图 2-3-2　立领局部表现范例

（三）翻领

　　翻领即领面外翻的领型，包括一片式翻领、两片式翻领、翻驳领等。因翻领的外翻领面在大多数情况下不会影响衣身结构的平衡，所以翻领的造型丰富，处理形式多样，如改变翻领大小，将翻领边角线设计成方形、圆形、曲线形等，或是对领面进行镂空、刺绣、贴花边等。

　　翻领局部表现范例（图 2-3-3）。

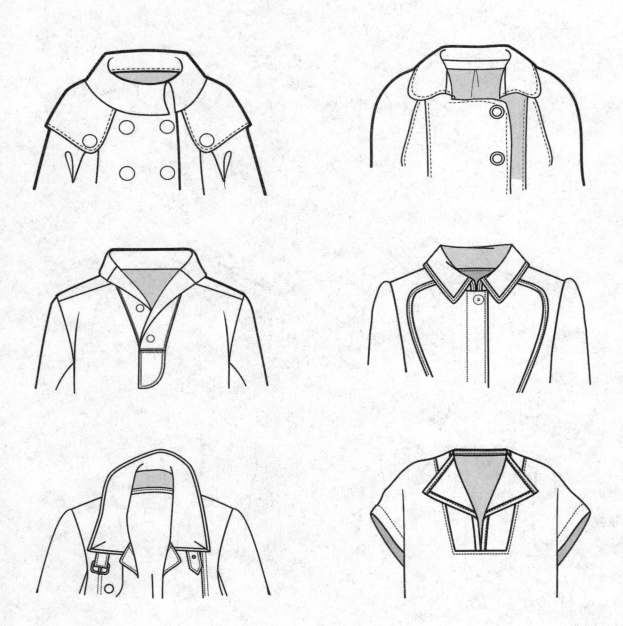

图 2-3-3

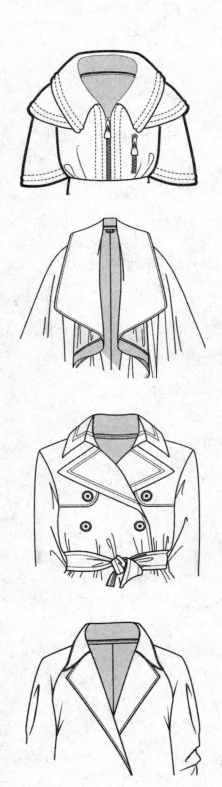

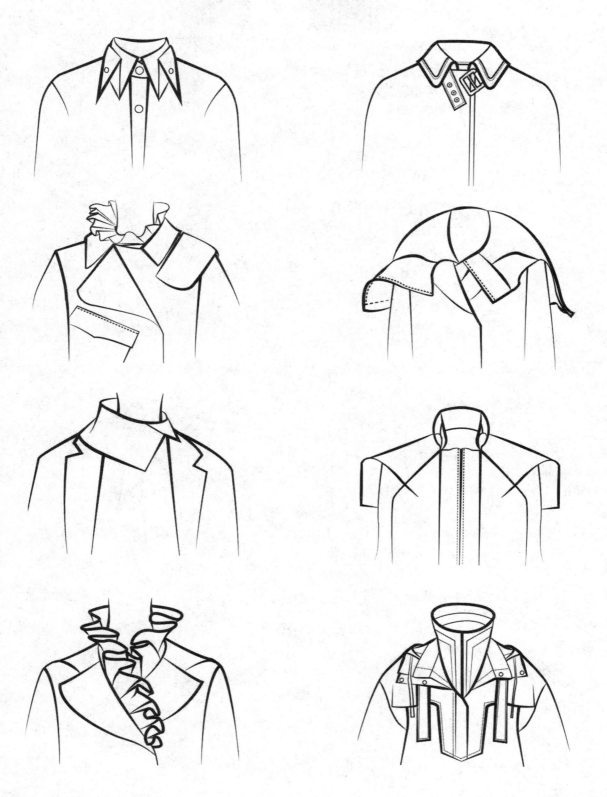

图 2-3-3

图 2-3-3 翻领局部表现范例

二、门襟

门襟即时装的开口、开合设计，主要是为了方便穿脱，具有极强的功能性，但装饰性也不容忽视。在款式造型中，门襟的设计、制作与装饰丰富多样，直接影响款式的外观与风格。进行门襟造型与绘制需考虑如下两个方面。

（一）门襟的位置、长短和形状

门襟是时装的"门面"，必须注重美观性与合理性。门襟的位置可以是正前方，也可以是正后方或侧面；门襟的长短可以灵活变化，有全开襟、半开襟等；门襟的形状可分为直线形、曲线形、几何形，不同的门襟设计给时装带来不同的设计视感。

（二）门襟的装饰

依据款式的不同，可以给门襟配置纽扣、拉链或系绳等配件，利于时装开合。此外，通过工艺的处理可以使门襟成为设计的亮点，如缉明线、门襟叠加、增添图案或装饰配件等。适当的门襟装饰手法会使时装的整体效果看起来更加和谐、美观。

门襟局部表现范例（图 2-3-4）。

图 2-3-4

图 2-3-4

图 2-3-4

图 2-3-4 门襟局部表现范例

三、袖

在时装款式设计中，袖型影响着时装整体风格的变化，甚至引领时尚潮流。进行袖子造型与绘制时应注意：首先袖型要适体，满足基本的人体活动；其次袖型要与整体时装款式和谐统一，既可以辅助展现廓型，也可以突出时装的整体造型风格。根据衣身和袖子的结构关系，袖子可分为装袖、插肩袖、连袖和无袖，每一种袖型又可以根据袖山、袖身以及袖口的造型变化而变化。

袖山变化表现范例（图 2-3-5）。

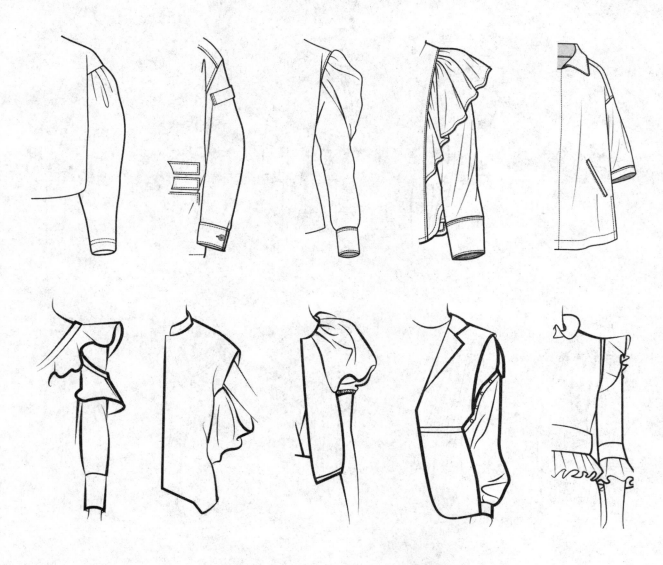

图 2-3-5

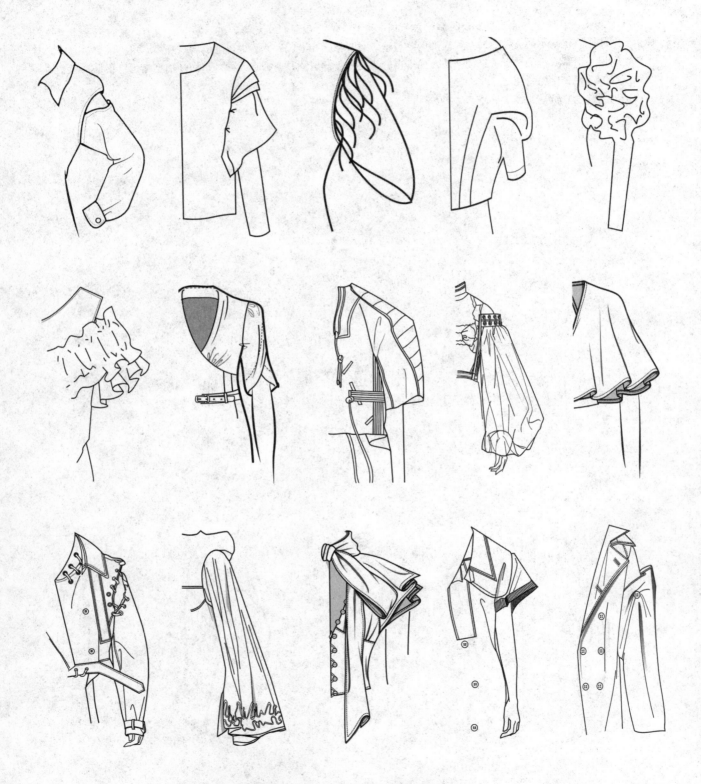

图 2-3-5　袖山变化表现范例

袖身结构变化表现范例（图 2-3-6）。

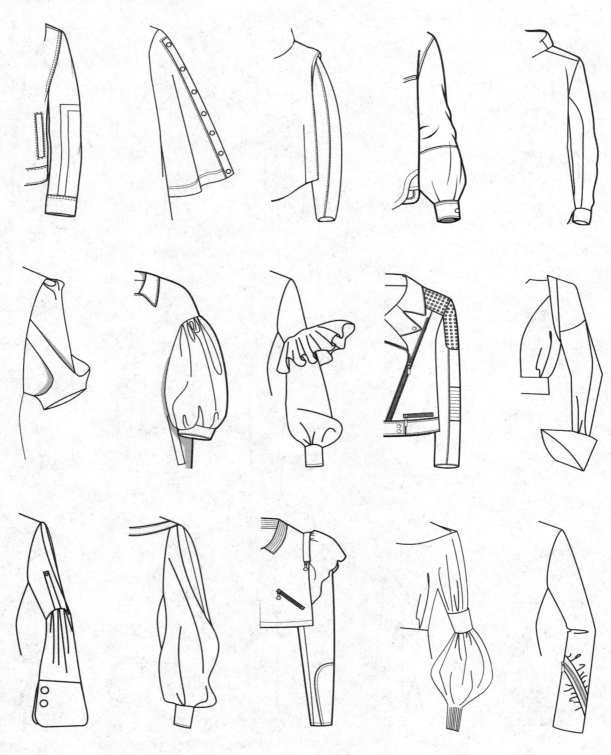

图 2-3-6

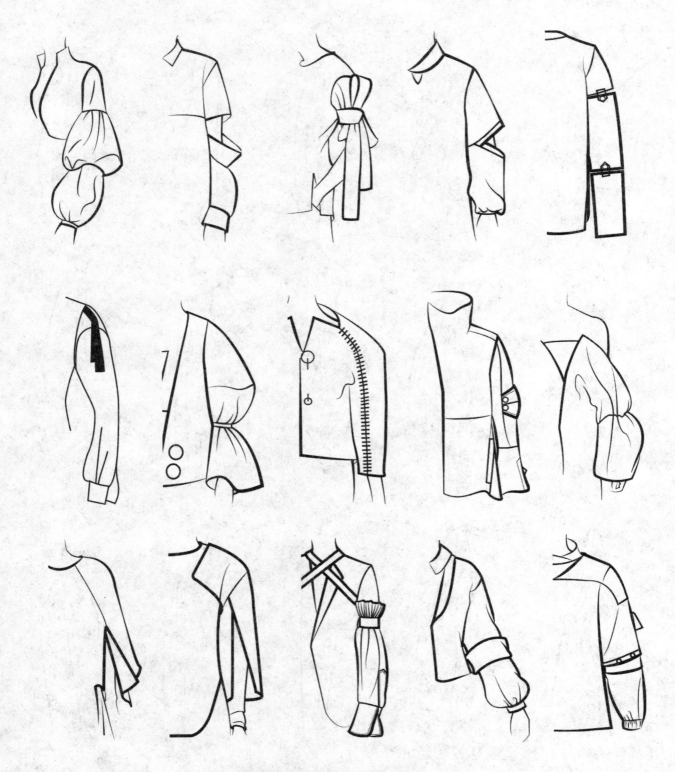

图 2-3-6　袖身结构变化表现范例

袖口变化表现范例（图2-3-7）。

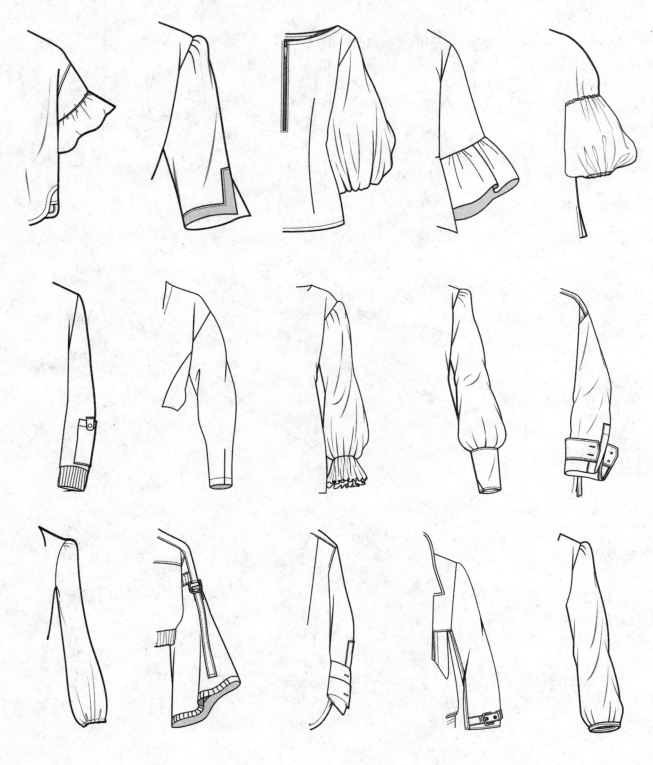

图2-3-7

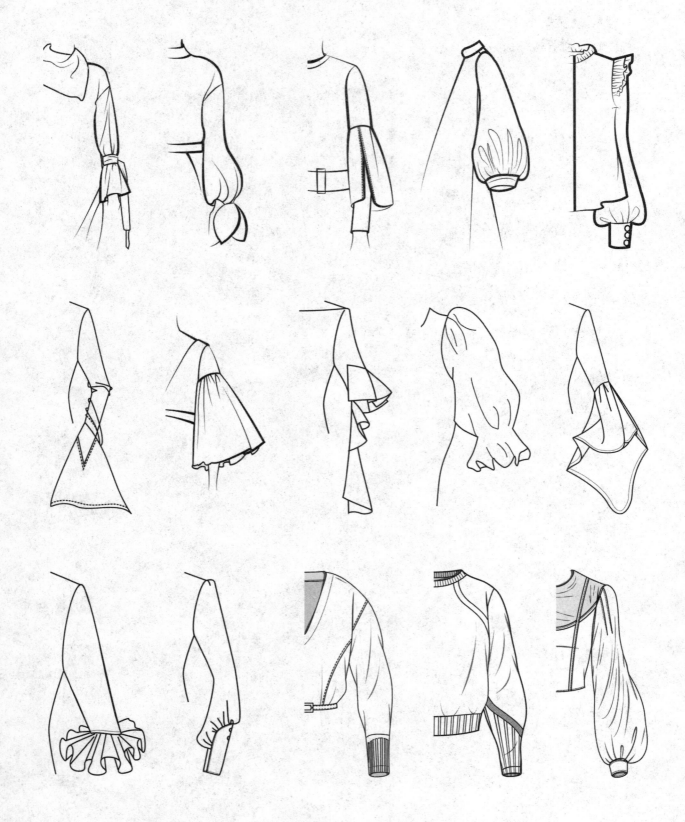

图 2-3-7　袖口变化表现范例

四、口袋

口袋通常具有较强的实用性，用于放置一些物件。但如今，以装饰为特色的口袋大量出现，丰富了时装款式。

基于口袋的结构和造型，大致可分为贴袋、插袋和挖袋三种类型。不同类型的口袋，其设计手法和工艺处理存在差异。一般而言，口袋设计表现要点包括：

（1）依据时装款式先确定配备的口袋类型，是贴袋、插袋还是挖袋。

（2）在确定口袋的类型后，设定口袋的大小、结构和形状，从而确定口袋的最终轮廓造型。

（3）确定口袋的缝制工艺和装饰手法。

口袋局部表现范例（图2-3-8）。

图2-3-8

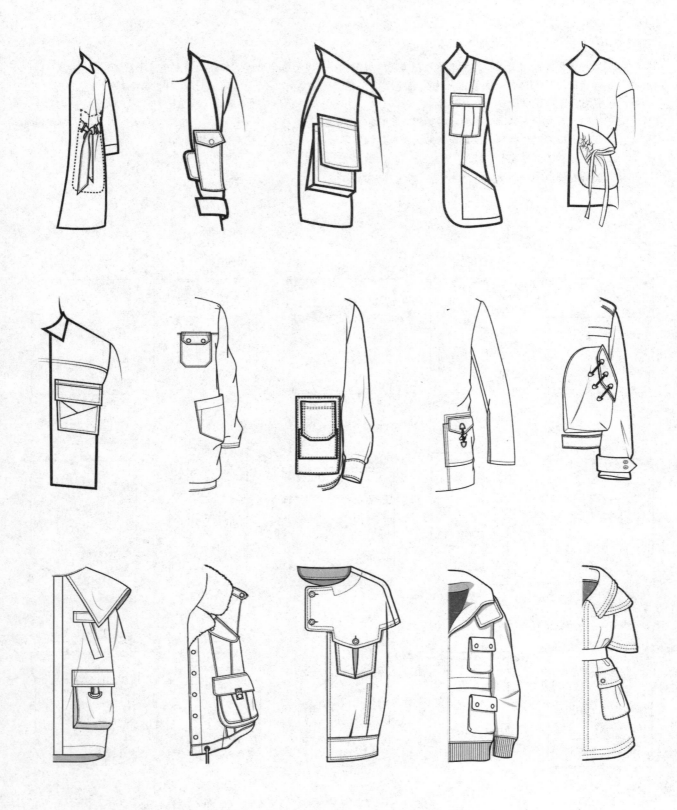

图 2-3-8

图 2-3-8　口袋局部表现范例

五、腰头

　　腰头包括裤腰腰头和裙腰腰头，是下装款式的重要部件之一，其位置、宽窄以及结构造型直接影响着下装的整体效果，在一定程度上也代表了时尚流行变化。

　　腰头的表现形式多样，首先从位置上可分为高腰、中腰和低腰，不同高低位置的腰头，给人不一样的视觉感受，如高腰款式会使腿部显长，更加摩登时尚；中腰款式显得稳重大方，多用于西裤或西装裙等；低腰款式受到大部分年轻人的追捧，更富有时尚和现代气息。其次从腰头是否与下装连成整体进行划分，可分为无腰和装腰，这两种腰头都存在着千变万化的创作手法，如拼接、褶皱、抽带等。

　　腰头局部表现范例（图2-3-9）。

图2-3-9

图 2-3-9

图 2-3-9　腰头局部表现范例

第三章
不同材质的款式表现

第一节　牛仔时装

　　牛仔时装变化丰富，款式的线描稿可绘制成直观的挑毛边效果。可以对款式图进行牛仔面料填充，通过调节颜色深浅可呈现洗水磨白效果。牛仔时装多以蓝色系为主，填充时注意面料质感表现。

　　牛仔时装绘制步骤（图 3-1-1）。

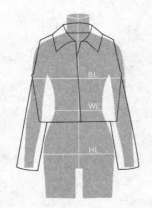

①以基础人体参考线为基准，
　绘制款式轮廓线，注意线条
　需挺括

②绘制内部基本结构线

③绘制口袋、袖口和下摆

④绘制结构及款式细节

⑤绘制缉明线，正面款式图绘制
　完成

小提示：

　　绘制牛仔时装时，线条相对较硬，缉明线外露是牛仔时装的一大特点，需要重点绘制。

⑥绘制背面款式图，正、背面款式图效果展示

图 3-1-1　牛仔时装绘制步骤

牛仔时装款式图范例（图3-1-2）。

图3-1-2

图 3-1-2

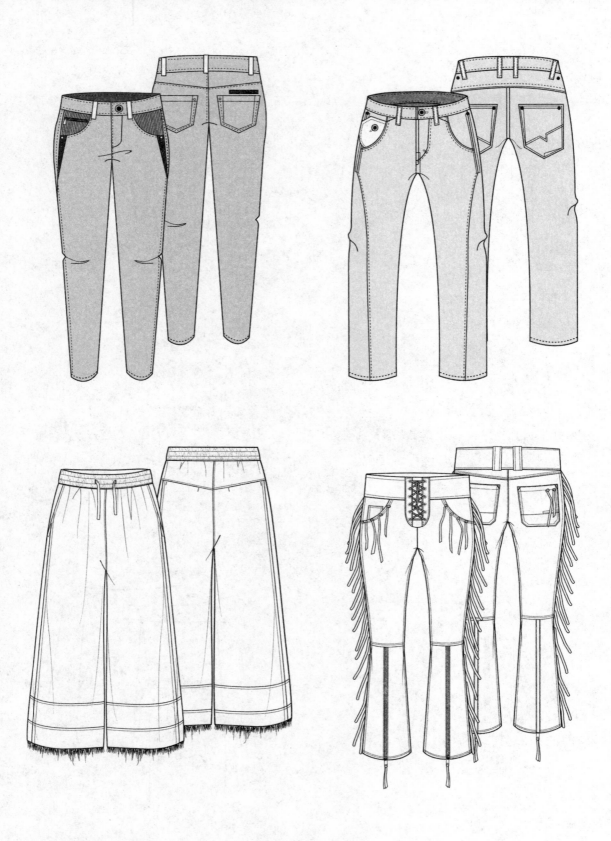

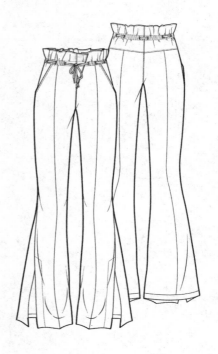

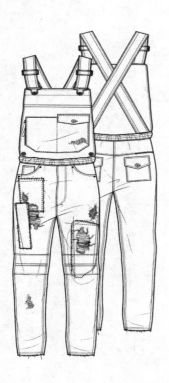

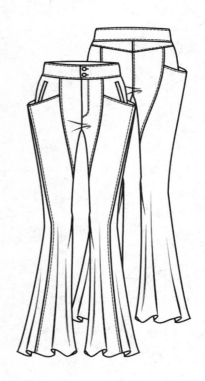

图 3-1-2

图 3-1-2　牛仔时装款式图范例

第二节 皮革时装

皮革时装的材质质感较为硬挺，因此在款式绘制时线条要硬挺，块面应形成明显的明暗对比关系。皮革材质有较强的光泽感，所以采取提亮的手法表现材质，但需注意，提亮时切勿表现太柔和，明暗的转折处理应强烈分明。另外，还可按款式结构，多绘制块面突出皮革时装。

皮革时装绘制步骤（图3-2-1）。

①以基础人体参考线为基准，绘制款式轮廓线，注意皮革款式的线条需挺括

②绘制内部基本结构线

③绘制口袋、肩部，袖口和下摆

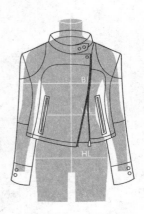

④绘制结构及款式细节

⑤绘制缉明线，正面款式图绘制完成

小提示：

绘制皮革时装时，多使用硬直线条，突出皮革的质感，另需清晰表达皮革的纹理效果，增加皮革时装的特征展现。

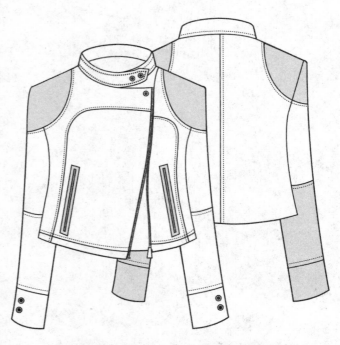

⑥绘制背面款式图，正、背面款式图效果展示

图3-2-1 皮革时装绘制步骤

皮革时装款式图范例（图 3-2-2）。

图 3-2-2

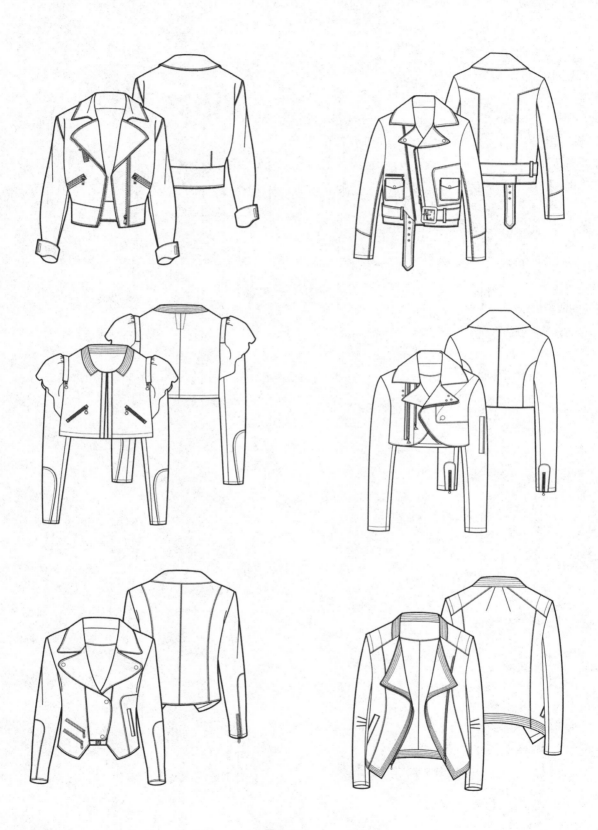

图 3-2-2

图 3-2-2

图 3-2-2　皮革时装款式图范例

第三节 针织时装

针织时装特点鲜明，线条柔和，曲线感强，有明显的编织结构，富有弹性感。在款式绘制时，一定要注意保持线条圆润柔和。平时需要多观察一些针织针法，根据款式的需要，可以绘制一些平针、上下针、棒针或勾花针等以增强针织款式的特征。

针织时装绘制步骤（图3-3-1）。

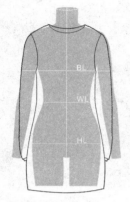

①以基础人体参考线为基准，绘制款式轮廓线，注意线条需柔和

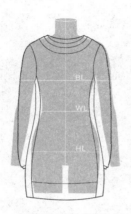

②绘制内部基本结构线

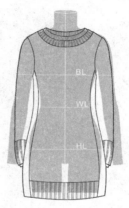

③绘制领部、袖口和下摆的罗纹结构

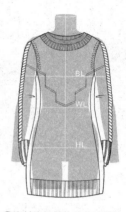

④绘制编织结构及款式设计，正面款式图绘制完成

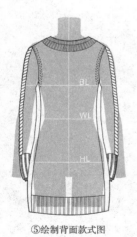

⑤绘制背面款式图

小提示：

绘制针织时装时，线条需柔和弯曲，突出针织的蓬松柔软感，另需清晰表达编织的纹理效果，增加针织时装的特征展现。

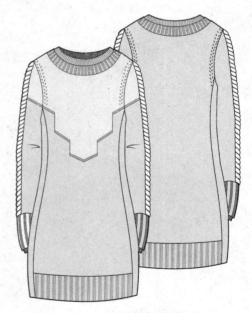

⑥正、背面款式图效果展示

图3-3-1 针织时装绘制步骤

针织时装款式图范例（图 3-3-2）。

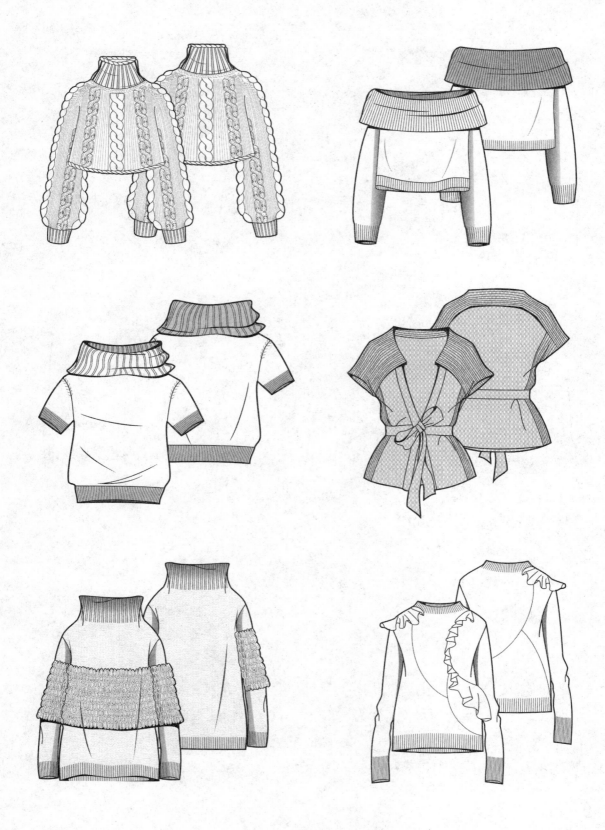

图 3-3-2

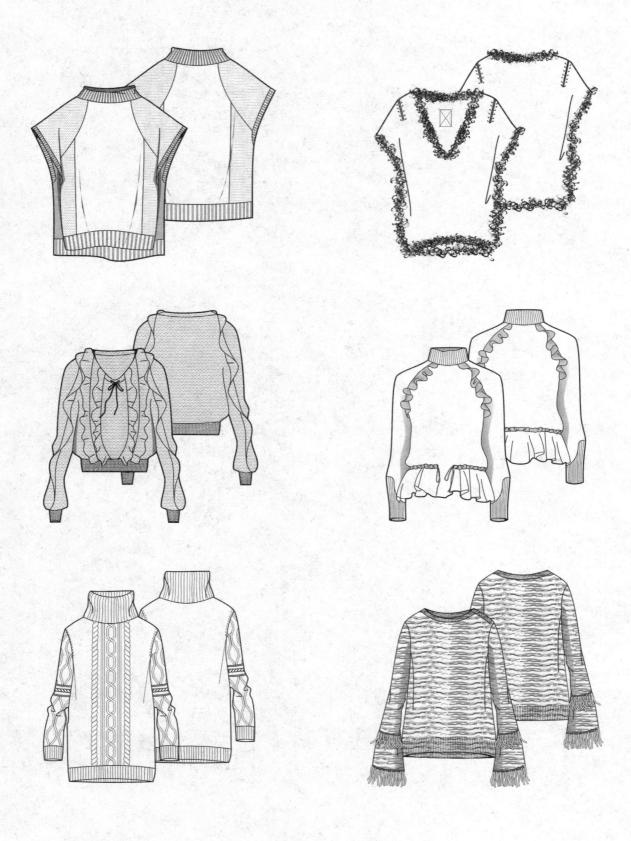

图 3-3-2

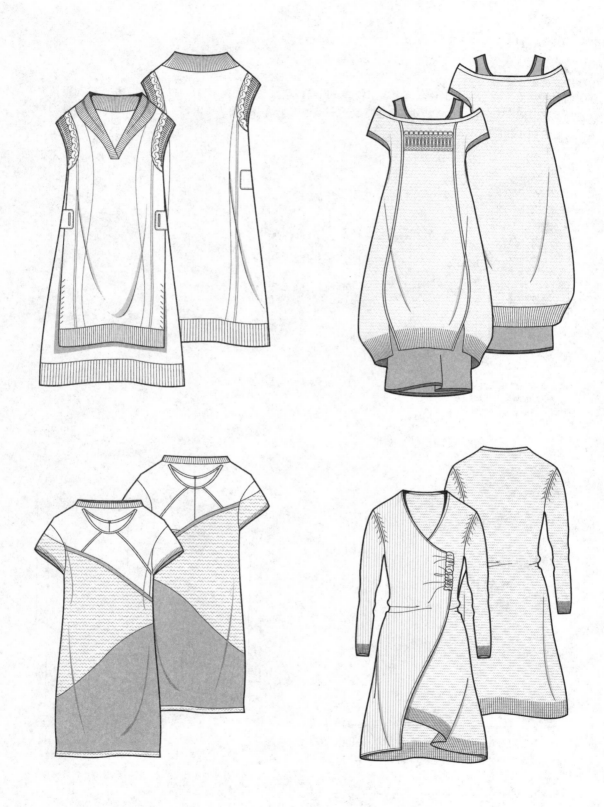

图 3-3-2 针织时装款式图范例

第四节　毛呢时装

　　毛呢面料在男女大衣、女士小香风装中运用较多，质感略微厚重，种类丰富，如人字呢、格子呢和粗花呢等。在款式绘制时，可以依据毛呢特有的纹理进行绘制，此外，线条要挺括、平实，突出毛呢时装所固有的一些廓型特征。

　　毛呢时装绘制步骤（图 3-4-1）。

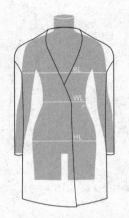

①以基础人体参考线为基准，绘制款式轮廓线，注意毛呢时装的廓型

②绘制内部基本结构线

③绘制扣子和口袋等细节

④绘制缉明线、适当增加褶皱效果，完成正面款式图的绘制

小提示：

　　毛呢时装多为冬装，在绘制时线条可相对柔和，廓型可以略微外凸，增加毛呢时装的平、直、挺括的视觉效果。

⑤绘制背面款式图，正、背面款式图效果展示

图 3-4-1　毛呢时装绘制步骤

毛呢时装款式图范例（图3-4-2）。

图3-4-2

图 3-4-2

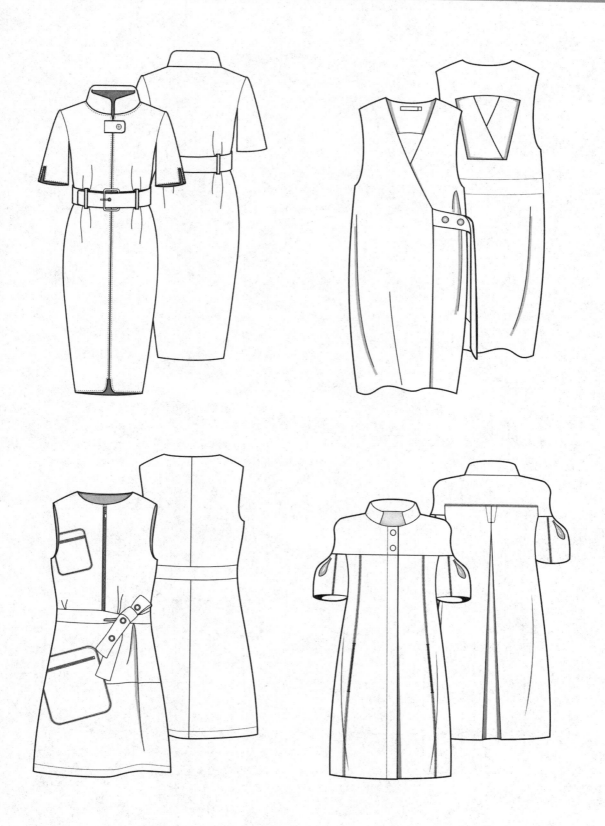

图 3-4-2

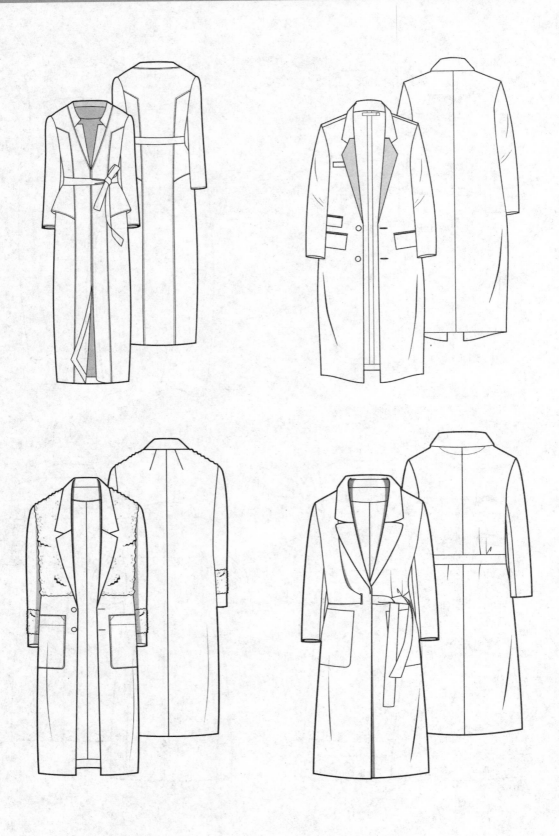

图 3-4-2

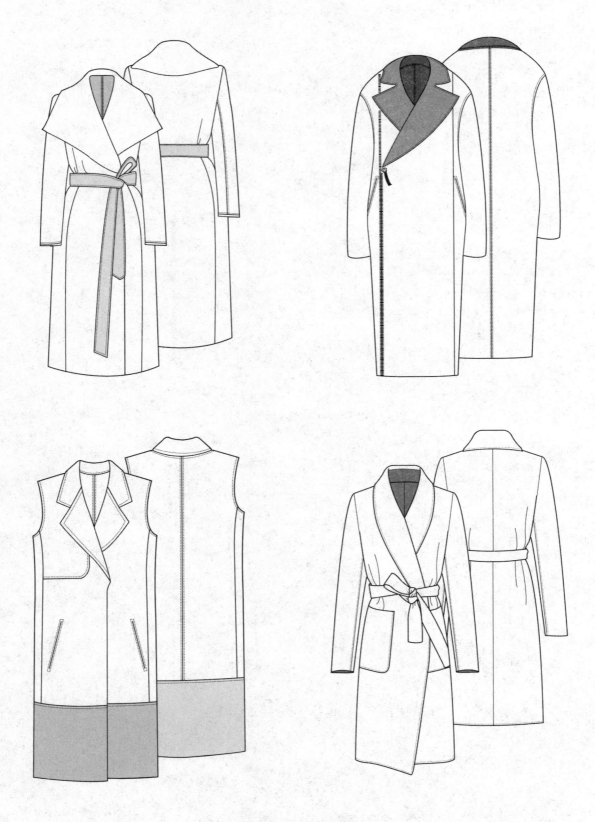

图 3-4-2　毛呢时装款式图范例

第五节 羽绒时装

　　羽绒时装款式蓬松、凹凸感强。大多数情况下，为了固定填充的羽绒，会在制作过程中采取绗缝工艺，从而形成若干蓬松的块面，绗缝形状多种多样，有方形、圆形、菱形、矩形等。羽绒时装因其填充绗缝效果，给人以蓬松的体积感。

　　羽绒时装绘制步骤（图3-5-1）。

①以基础人体参考线为基准，绘制款式轮廓线，注意羽绒时装的线条，可稍加放松

②绘制内部基本结构线

③绘制肩部、口袋等细节结构线

④绘制门襟和口袋处的扣子

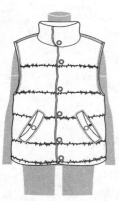

⑤绘制缉明线与绗缝褶皱细节，表现羽绒时装的蓬松效果

小提示：

　　绘制羽绒时装图时，线条需柔和弯曲，突出羽绒时装的蓬松感，另需清晰表达绗缝效果，增加羽绒款式的特征展现。

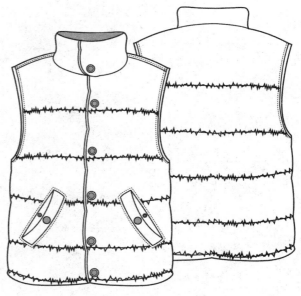

⑥正、背面款式图效果展示

图 3-5-1 羽绒时装绘制步骤

羽绒时装款式图范例（图 3-5-2）。

图 3-5-2

图 3-5-2

图 3-5-2

图 3-5-2　羽绒时装款式图范例

第六节　雪纺时装

雪纺面料质地轻盈、飘逸、柔软、透明，易产生自然碎褶，多运用于夏装中。在款式绘制时需要注意以下四个要点。

（1）线条要细而平滑，用线要轻松自然，适当增加线条的虚实效果，切忌粗犷的线条。

（2）针对雪纺面料的特殊性，上色以淡色为主，表现质地的薄软，如果是手绘可以运用晕染、水洗或喷绘的绘图技法。

（3）因为雪纺材质柔软、飘逸，可适当运用大笔触表现款式的起伏效果。

（4）雪纺时装较易产生碎褶，褶的表现要自然随意，可以在碎褶的起始部位适当刻画，增加明暗效果。

雪纺时装绘制步骤（图 3-6-1）。

①以基础人体参考线为基准，绘制款式轮廓线，注意线条需轻柔飘逸

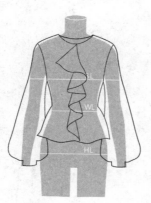

②绘制门襟

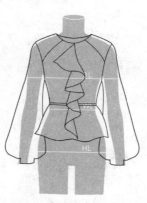

③绘制内部基本结构线

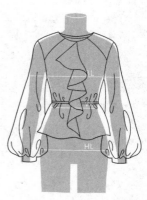

④绘制褶皱细节，增添雪纺面料特征

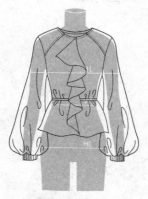

⑤根据款式需要添加缉明线

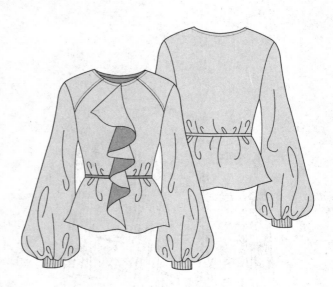

⑥正、背面款式图效果展示

小提示：

绘制雪纺时装时，线条需柔和飘逸，突出雪纺的柔美，另需清晰表达褶皱效果，增加雪纺款式的特征展现。

图 3-6-1　雪纺时装绘制步骤

雪纺时装款式图范例（图 3-6-2）。

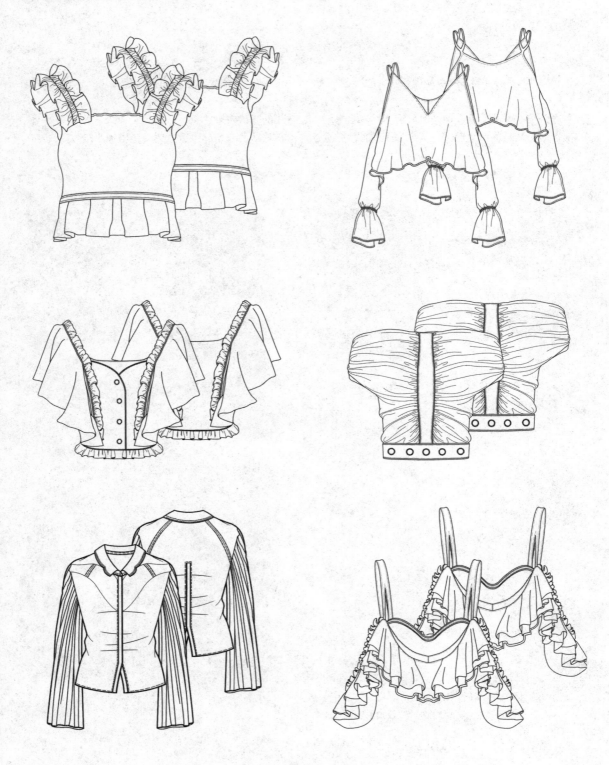

图 3-6-2

图 3-6-2

图 3-6-2

图 3-6-2　雪纺时装款式图范例

第四章
不同类型的款式表现

第一节 上衣

一、吊带 / 背心

　　吊带 / 背心是夏日百搭的基本款，穿着舒适、透气，加之容易搭配，因此是大多数女性喜欢的时尚单品。

　　表现要点：吊带 / 背心通常为无袖的款式，可以从基本款着手，通过领部肩带变化、衣身长短层次变化或面料肌理处理等方式进行设计表现。

　　吊带 / 背心款式图范例（图 4-1-1）。

图 4-1-1

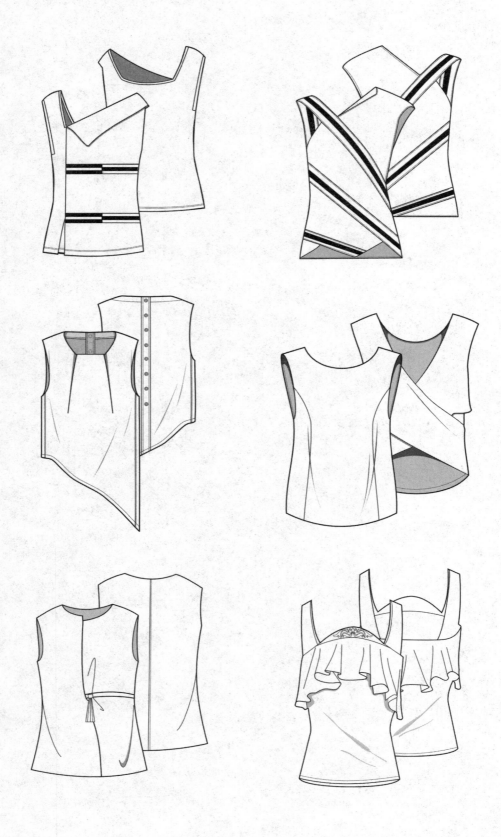

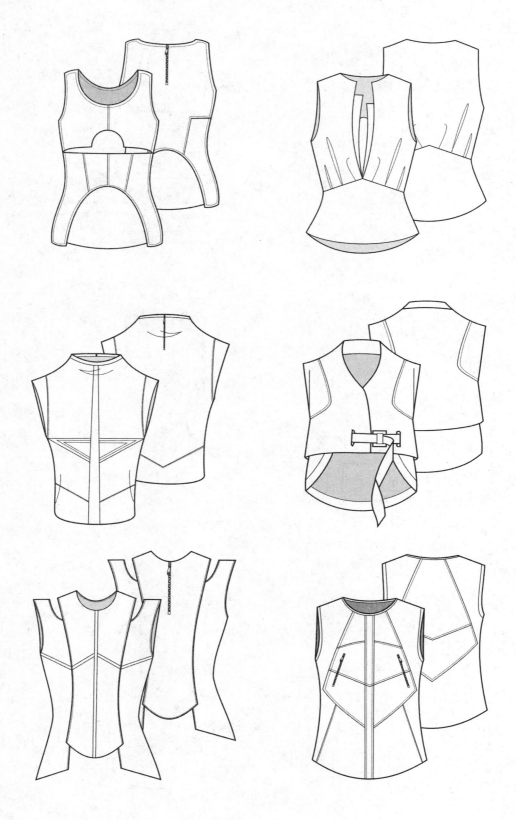

图 4-1-1

图 4-1-1　吊带 / 背心款式图范例

二、T恤

　　T恤结构简单，面料以棉质居多，是搭配其他时装的时尚单品，也是夏日日常时装。

　　表现要点：通常从色彩、图案、廓型、宽松度进行设计表现；也可以对领口、袖口进行结构设计；还可以采用结构分割线、层次叠加、面料拼接等手法丰富款式。

　　T恤款式图范例（4-1-2）。

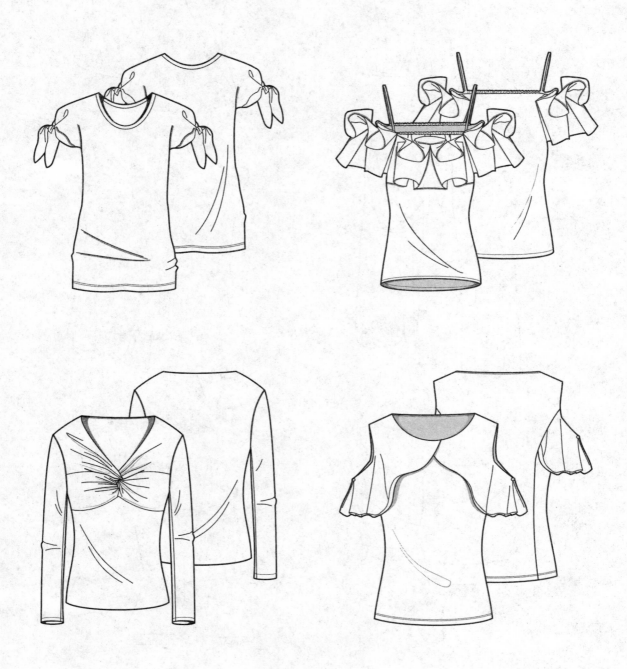

图 4-1-2

图 4-1-2

图 4-1-2　T恤款式图范例

三、衬衫

衬衫分为正装衬衫和休闲衬衫，前者适用于较为正式的场合，一般外搭深色正装，而后者则较为随意。

表现要点：衬衫以立领和翻领居多，这两类领型可以衍化出各式各样的造型；在衣身上可以根据女性人体曲线设计省道、褶裥等；还可以从袖口或袖型上进行创新，如设计灯笼袖、泡泡袖、荷叶袖等。

衬衫款式图范例（4-1-3）。

图 4-1-3

图 4-1-3

图 4-1-3

图 4-1-3　衬衫款式图范例

四、女衫

女衫主要在夏季穿着，款式轻松随意、变化多样，面料以雪纺、棉布、莫代尔等轻薄、舒适性的材质居多。

表现要点：女衫以宽松款式为主，可以根据款式设计荷叶边、褶皱或系带打结等；下摆可以采用直筒型或 A 型。

女衫款式图范例（图 4-1-4）。

图 4-1-4

图 4-1-4

图 4-1-4　女衫款式图范例

第二节　裙装

一、连衣裙

　　连衣裙款式繁多，造型丰富，可以很好地体现女性形体美，深受女性青睐。常见的有 A 字裙、直筒裙、露背裙、吊带裙、礼服裙等。

　　表现要点：连衣裙造型颇多，在设计表现时可以从季节、年龄等方面入手。如春夏可以设计无袖、无领，以轻薄面料为主；秋冬可以增添领口和袖口造型，材质上可选用针织或呢料。又如儿童连衣裙可以提高腰节线，以 A 型为主；年轻女性连衣裙可以采用 X 型，突出女性的形体美；中年女性则可选用 H 型，减轻时装对人体的束缚。

　　连衣裙款式图范例（图 4-2-1）。

图 4-2-1

图 4-2-1

图 4-2-1

图 4-2-1

图 4-2-1

图 4-2-1　连衣裙款式图范例

二、半身裙

半身裙是指以腰部为分界点，穿着于下身的裙装样式。半身裙装长度不一，根据裙长可分为及膝裙、短裙与长裙等。

（一）及膝裙

及膝裙裙长在膝关节。根据裙型可分为 A 字裙、直筒裙、一步裙、包臀裙等，搭配不同的上衣，可呈现不同的风格。如及膝一步裙搭配正装衬衫，尽显职场女性的知性优雅；而搭配色彩靓丽的休闲上衣，又会凸显女性的可爱甜美。

表现要点：可以从腰部、下摆及裙身进行设计表现。如腰部可以有高、中、低腰变化，也可以考虑其实际功用，选择添加拉链、带襻、装饰腰带、打结等；下摆可以从层次变化着手；裙身可以从面料的拼接、褶皱处理、结构变化着手，根据条件和要求进行造型和装饰的变化。

及膝裙款式图范例（图 4-2-2）。

图 4-2-2

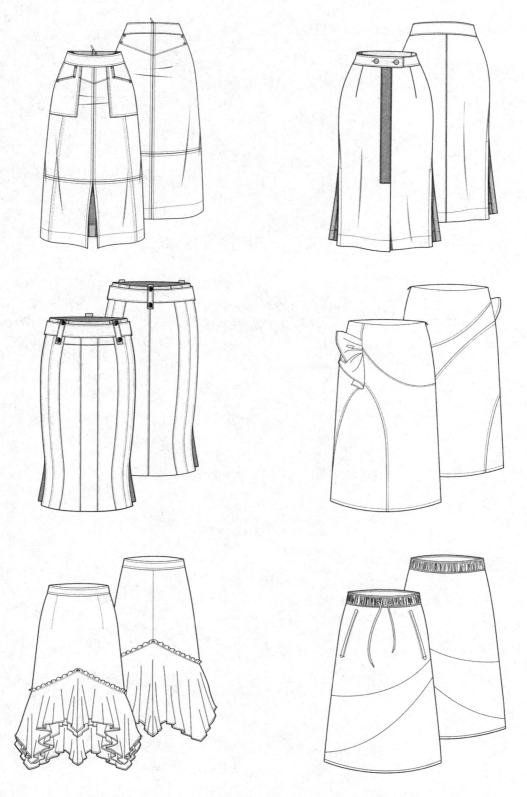

图 4-2-2

图 4-2-2 及膝裙款式图范例

（二）短裙

短裙是指裙长在膝盖以上的裙型，多见于表演装、运动装、休闲装中。

表现要点：短裙以包臀裙、一步裙和 A 字裙居多，设计表现重点可以放在腰部和裙身，腰部可以采用高腰式或无腰式，裙身可以做口袋、褶皱、结构造型变化等。

短裙款式图范例（图 4–2–3）。

图 4-2-3

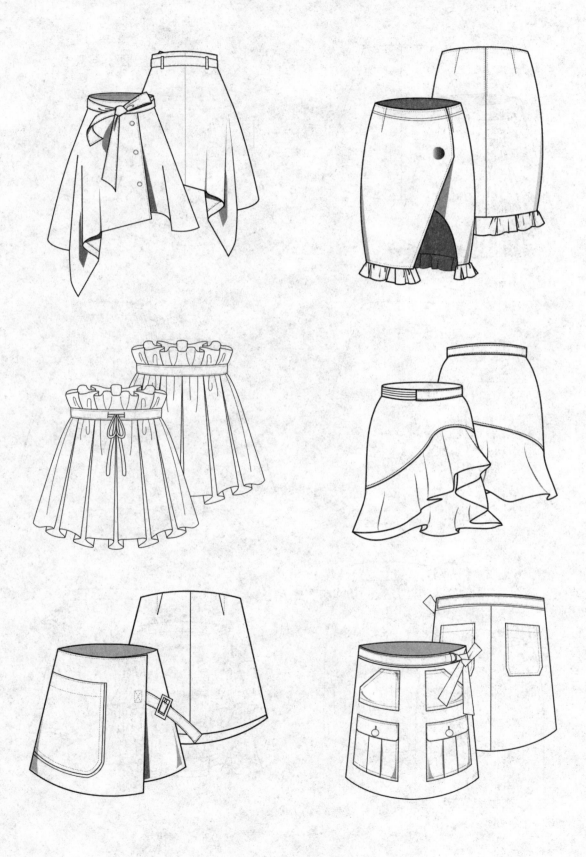

图 4-2-3

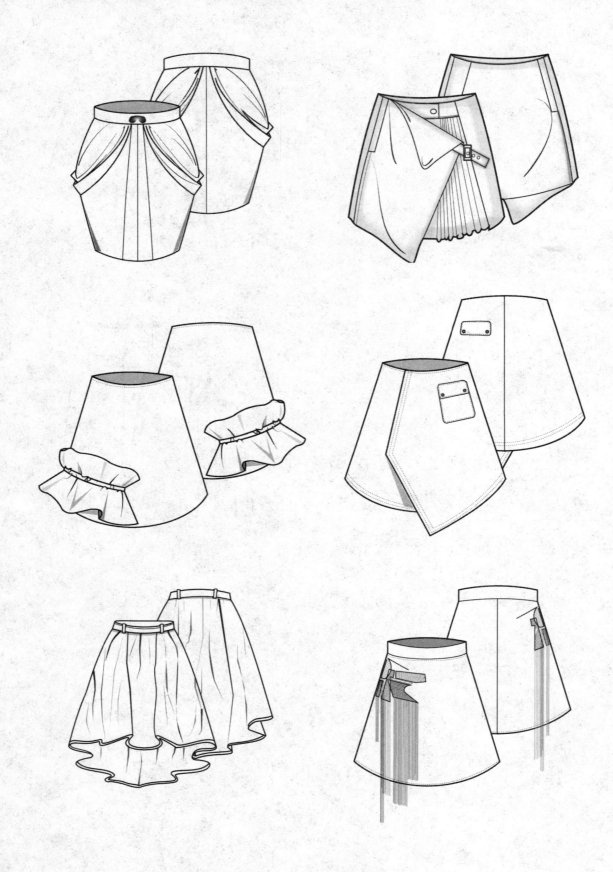

图 4-2-3　短裙款式图范例

（三）长裙

长裙指长至小腿或脚踝的裙型，以修身型和A型居多，前者一般会在下摆两侧、前中或者后中设计开衩以便行走；后者可设计成波浪裙、百褶裙或喇叭裙等。

表现要点：设计重点集中在腰部或者裙摆，腰部可采用系带、拼接、打结等设计；裙摆可通过层次叠加、鱼尾、褶裥、拼接等加以处理。

长裙款式图范例（图4-2-4）。

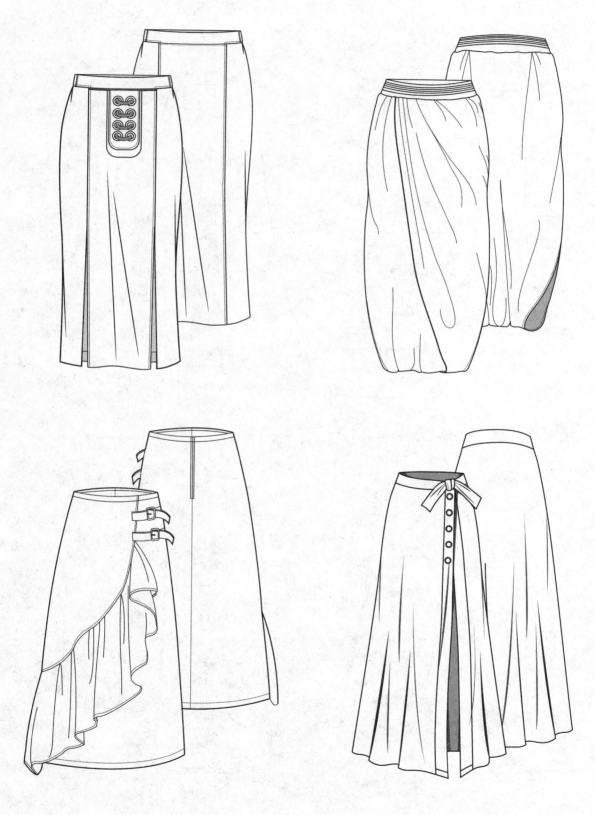

图 4-2-4

图 4-2-4

图 4-2-4

图 4-2-4 长裙款式图范例

第三节　裤装

一、休闲裤

　　休闲裤指在非正式场合所穿的裤子，在款式造型、结构变化、色彩运用等方面都较为自由。

　　表现要点：休闲裤的创作较为自由，可从腰头结构、裤身廓型、裤脚结构与拼接等着手，根据适用场合、特殊要求等加以设计。

　　休闲裤款式图范例（图 4-3-1）。

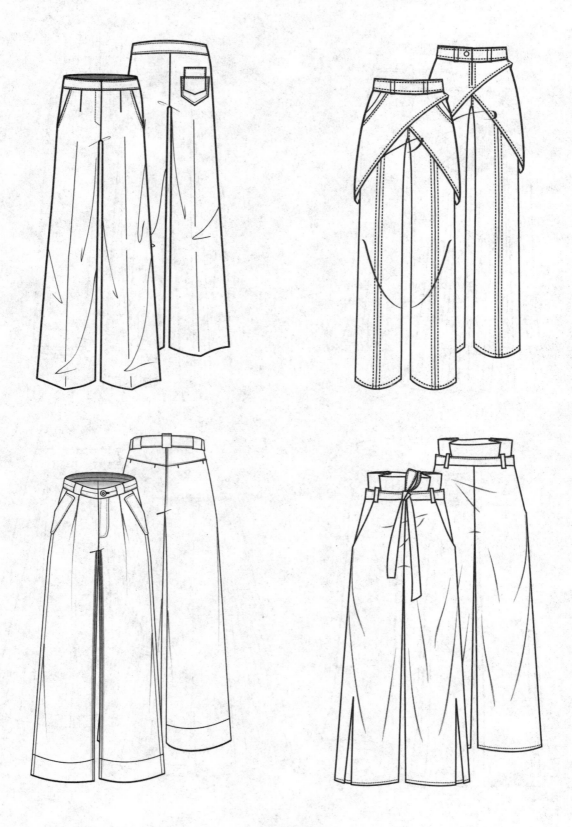

图 4-3-1

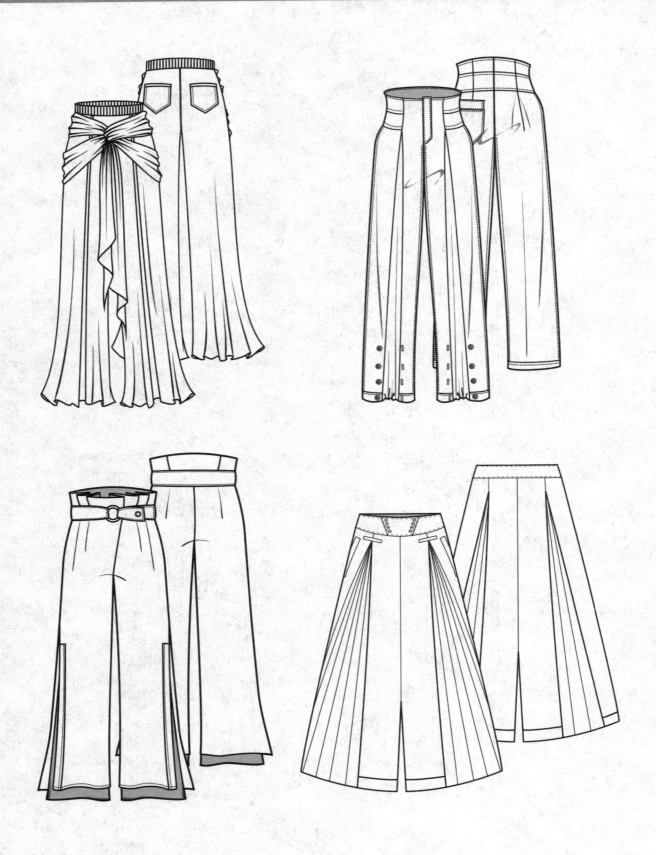

图 4-3-1

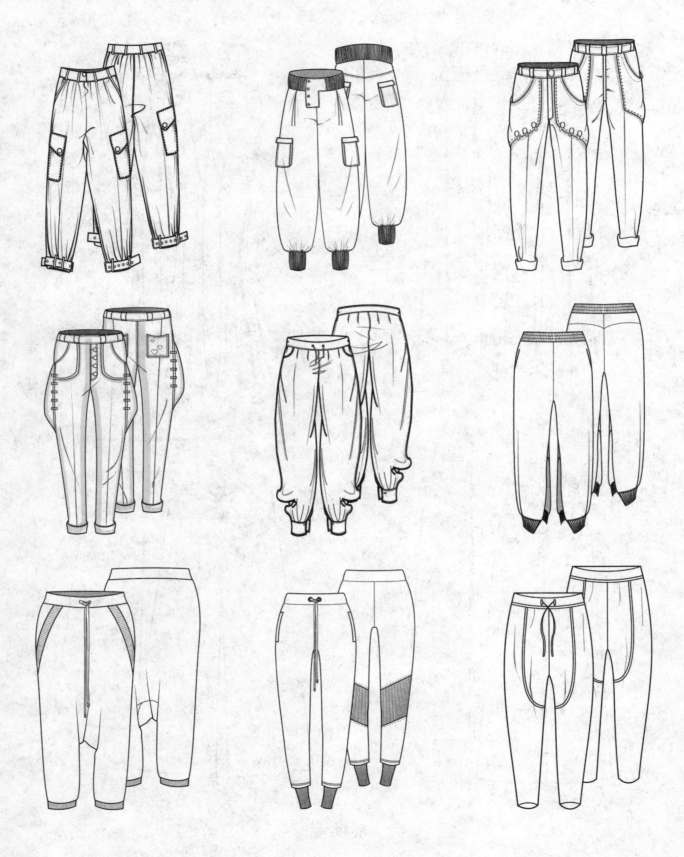

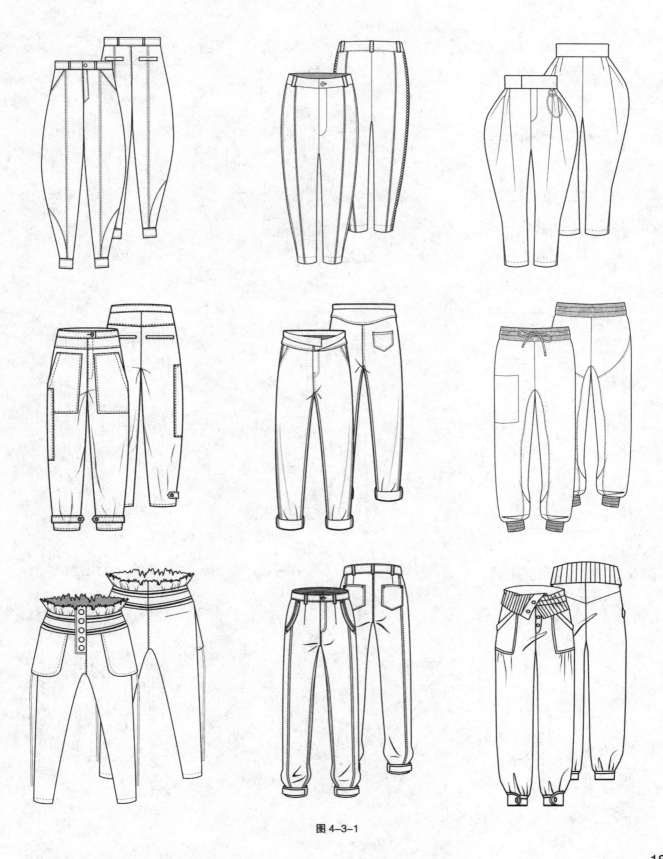

图 4-3-1

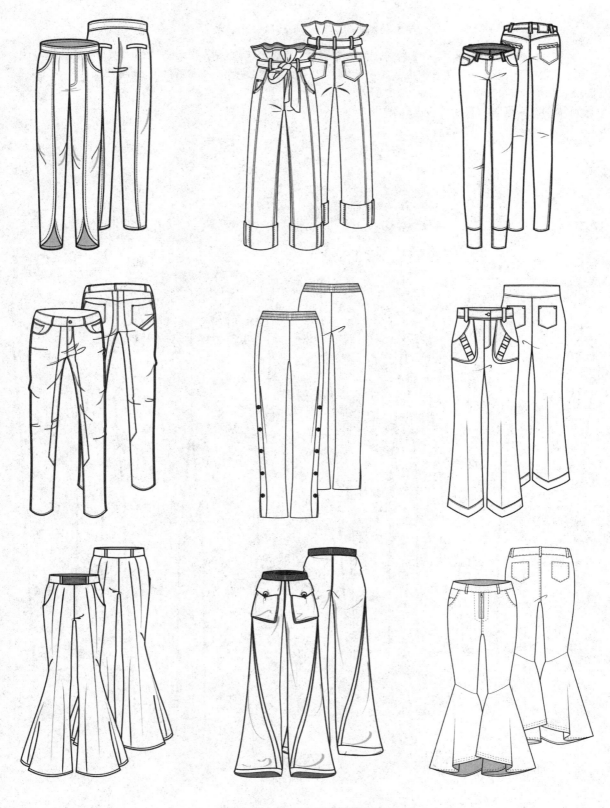

图 4-3-1　休闲裤款式图范例

二、打底裤

打底裤以修身型为主，春夏装较为轻薄，色彩较为鲜艳；秋冬装则较为厚实，色彩较为暗沉。

表现要点：设计重点在腰部和裤身，腰部可增加一些配饰来装点裤型；裤身可以进行分割线处理，显现腿部线条；还可以通过不同面料的拼接，增强裤子层次感。

打底裤款式图范例（图 4-3-2）。

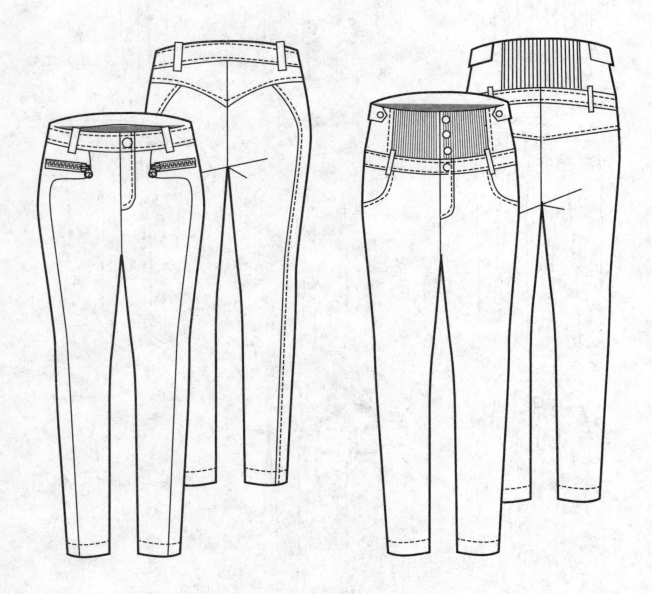

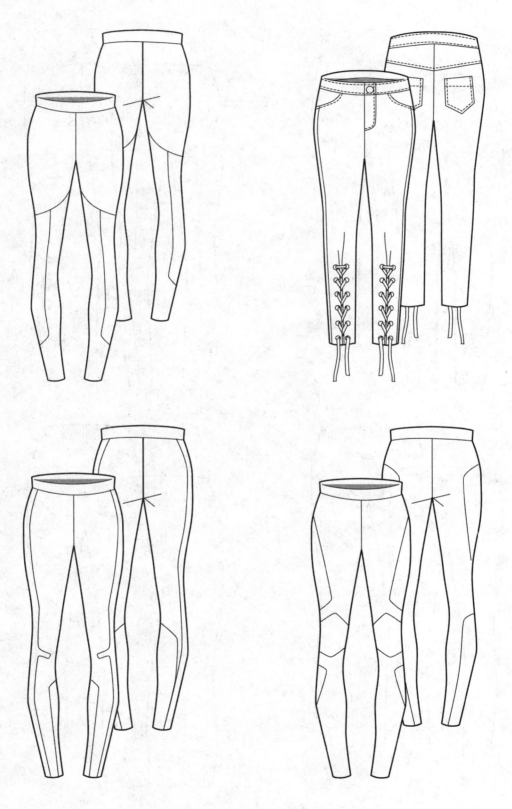

图 4-3-2

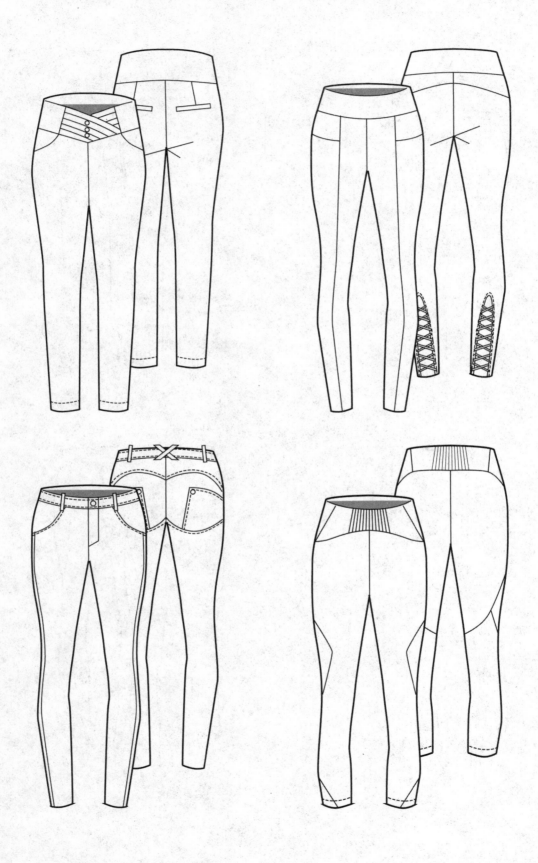

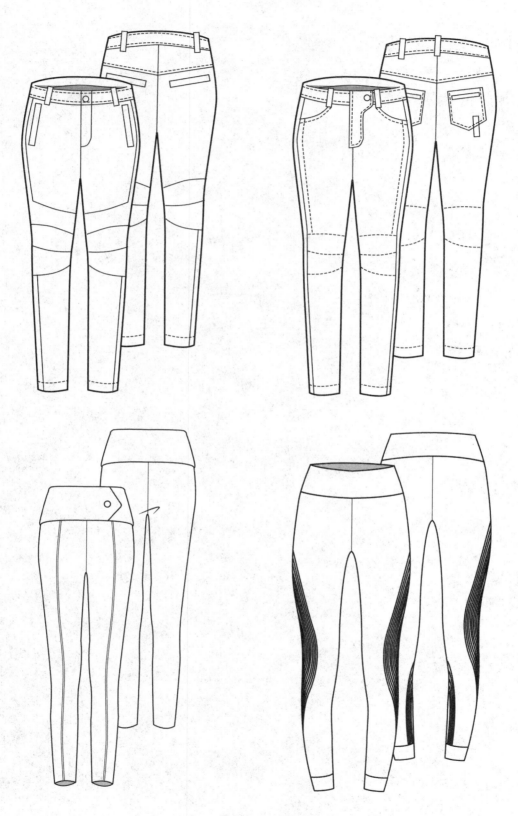

图 4-3-2

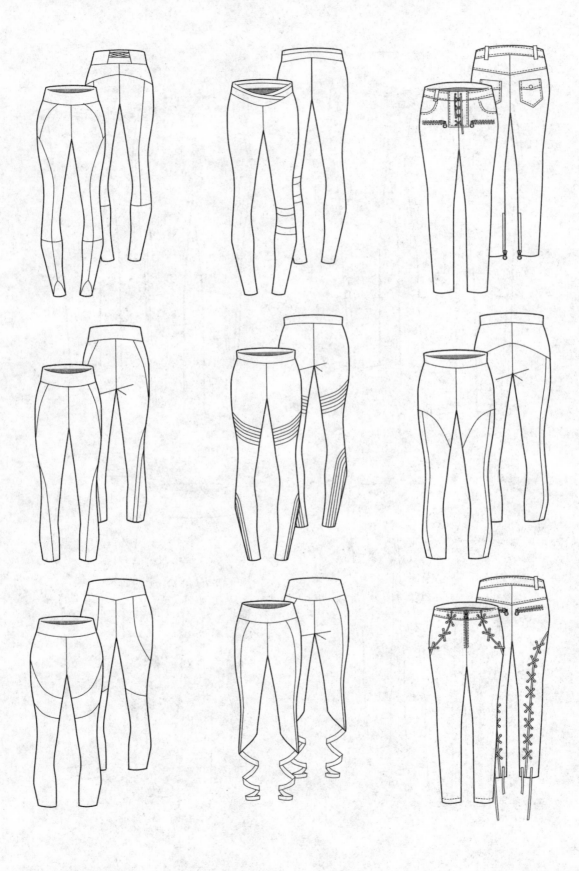

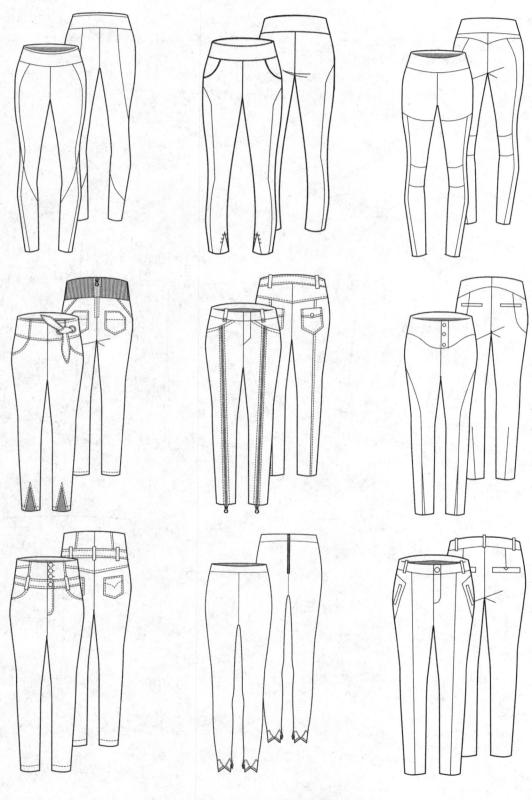

图 4-3-2　打底裤款式图范例

三、裙裤

　　裙裤既有裤子的裆缝又有裙摆造型，其形式多样，有百褶的喇叭裙裤、收紧裤脚的灯笼裙裤，还有前裙后裤的运动裙裤等。面料以雪纺、丝绸、棉布及针织布居多。

　　表现要点：应考虑穿用场合，如果是舞台裙裤，可着重裤腰的设计，加一些金属配饰、流苏或者民族刺绣等，以加强裙裤的观赏性；如果是日常穿着裙裤，设计重点可放在裤身，可设计波浪、百褶、拼接、开衩等结构。颜色选择较为随意，可纯色可花色，根据设计风格而定。

　　裙裤款式图范例（图 4-3-3）。

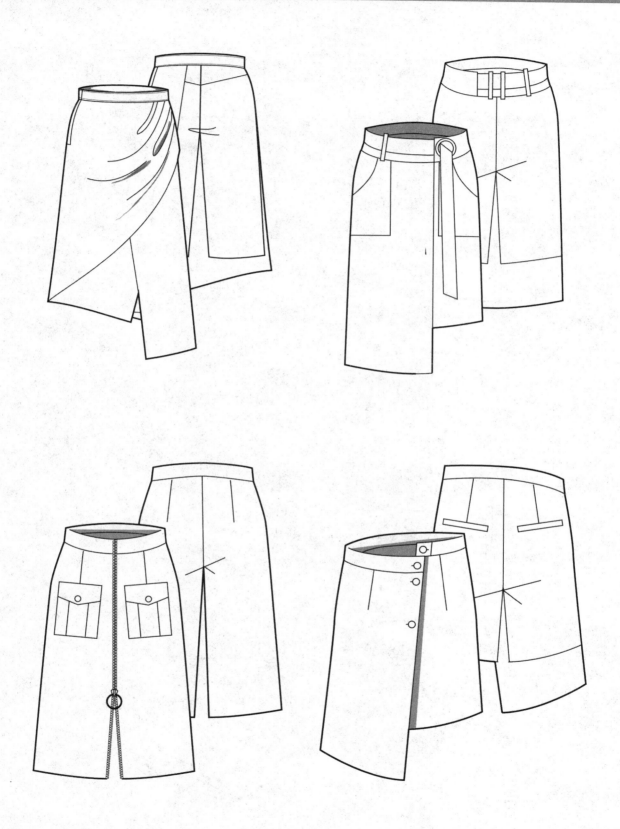

图 4-3-3

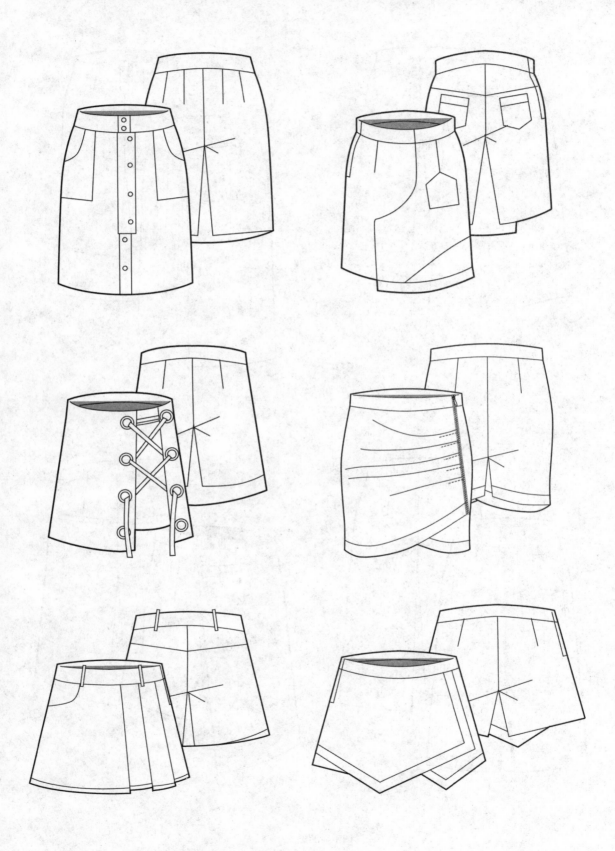

图 4-3-3

图 4-3-3 裙裤款式图范例

四、短裤

短裤能展现女性腿部的曲线美，多穿着于夏季，以舒适透气为宜。现今冬季也有以皮革、毛呢、纯纺或混纺面料等制作的短裤。

表现要点：裤脚通常略微宽松，可用花边、蝴蝶结等点缀，增添女性的甜美感。冬季短裤色彩比较沉稳，展现女性稳重端庄的气质。

短裤款式图范例（图 4-3-4）。

图 4-3-4

图 4-3-4

图 4-3-4

图 4-3-4 短裤款式图范例

五、连体裤

连体裤是衣身和裤子连在一起的裤型，最早出现于工装中，便于行动，后逐渐流行，成为一种潮流服饰，深受广大时尚年轻女性的喜爱。女士连体裤的面料由最初的牛仔布发展到雪纺、印花棉布以及各类化学纤维面料。

表现要点：衣身设计上，可借鉴上衣设计；腰部设计上，可通过改变裤腰的位置呈现不同的比例效果；裤腿设计上，可改变裤长、廓型、结构分割线等以呈现不同效果。

连体裤款式图范例（图 4-3-5）。

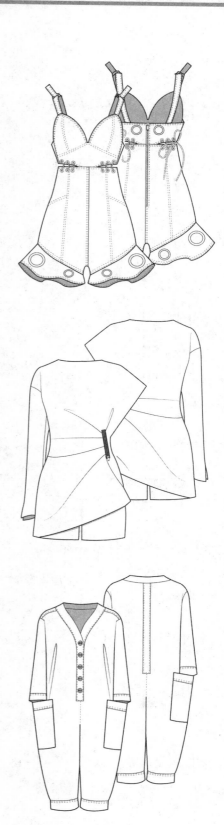

图 4-3-5

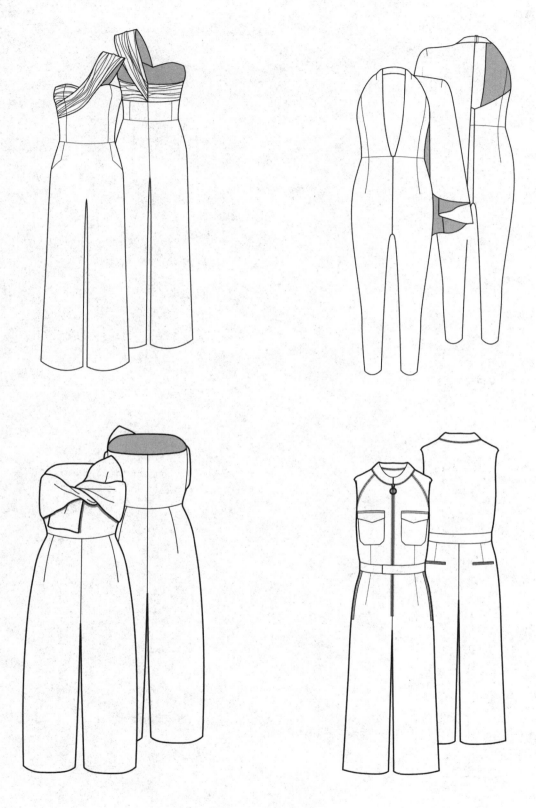

图 4-3-5

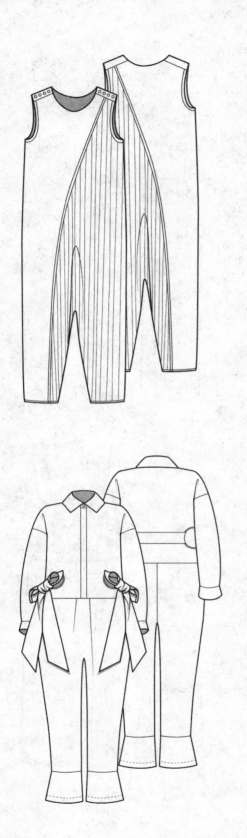

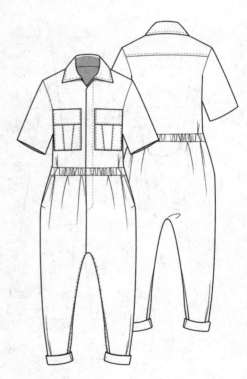

图 4-3-5

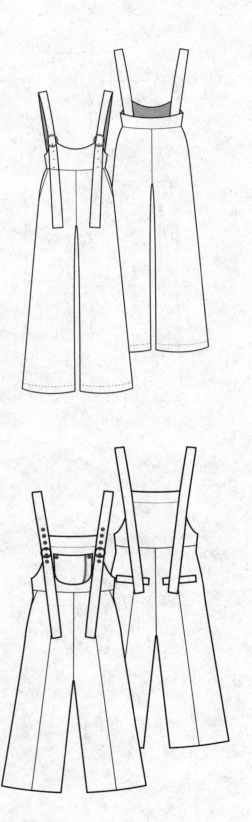

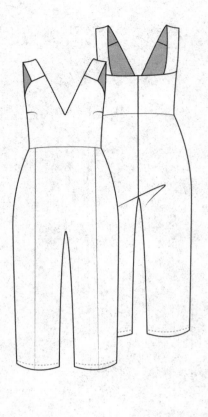

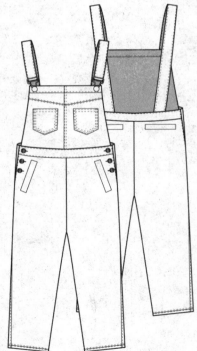

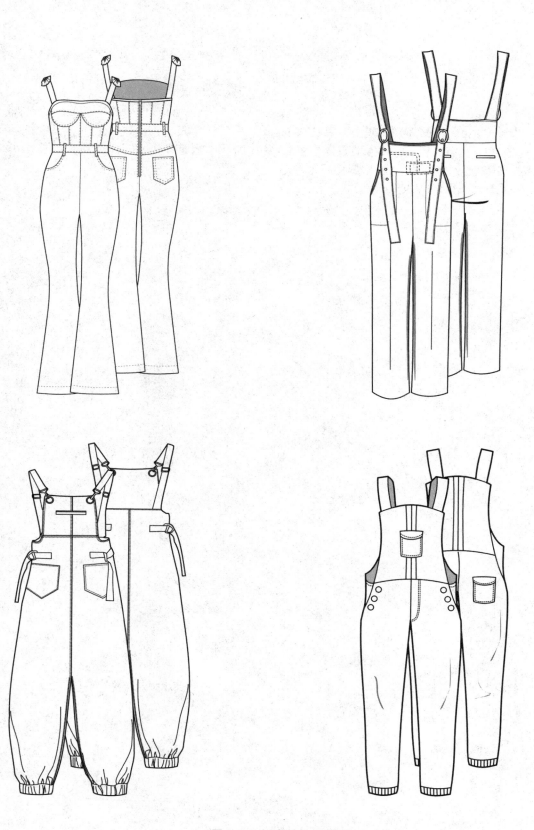

图 4-3-5 连体裤款式图范例

第四节　外套

一、西装

西装多穿着于正式场合中，通常外观挺括、线条流畅。

表现要点：在款式廓型上，以体现女性形体美为主，多采用合体的收腰廓型。在设计表现上，可以从驳领、门襟以及口袋的造型变化等方面加以创意性表现。

西装款式图范例（图 4-4-1）。

图 4-4-1

图 4-4-1

图 4-4-1　西装款式图范例

二、夹克

夹克是由英文"Jacket"英译而来，是一种短上衣，长至腰臀之间，胸围宽松，多为翻领和立领，门襟多以拉链和按扣（子母扣）为主，其特点是宽松、舒适、便于活动且有一定的保暖性，深受各年龄段女性的喜爱。

表现要点：首先，领口可以添加毛呢、针织、皮革等进行面料拼接；其次，门襟可以设计为直门襟或斜门襟，还可改变门襟的开合方式，如采用按扣或拉链等；再者，衣身可进行分割、褶皱等处理，并辅以口袋、装饰线变化；最后，下摆可添加松紧带、皮带襻扣等，增加设计亮点。

夹克款式图范例（图 4-4-2）。

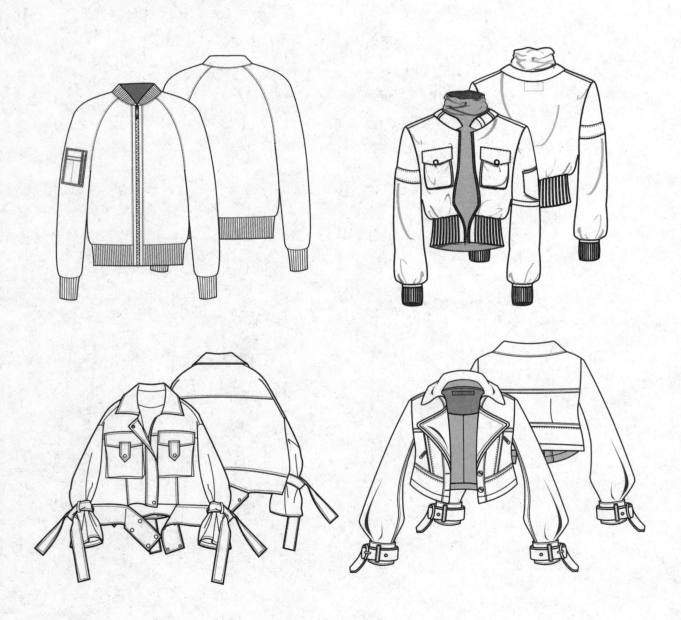

图 4-4-2

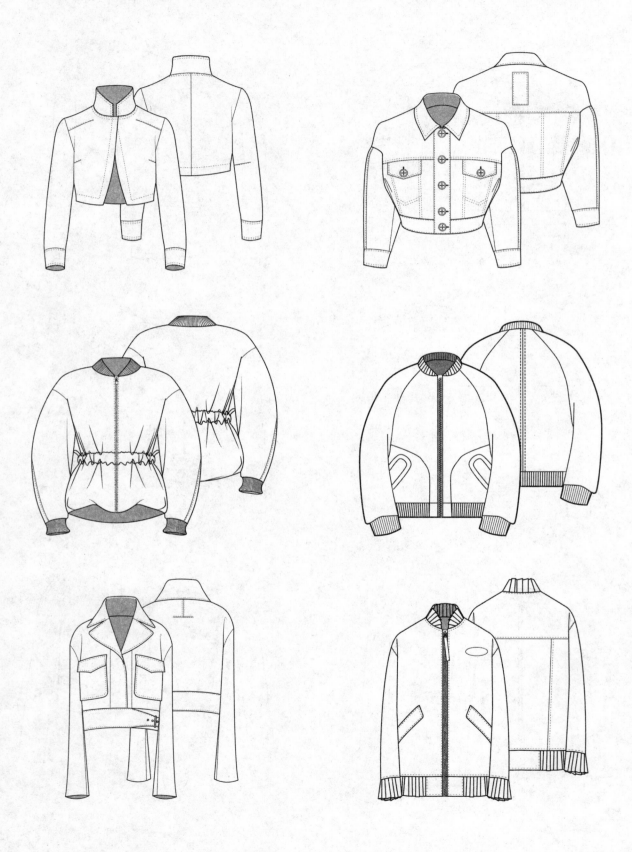

图 4-4-2

图 4-4-2　夹克款式图范例

三、风衣

风衣最初起源于防风雨的"战壕服"，演变至今，由于其穿着方便且又能展现女性潇洒率性的个人魅力，因此深受广大女性的追捧。

表现要点：整体造型简洁宽松，领型通常有立领、翻领及翻驳领等；肩部通常有过肩和无过肩两种设计，过肩采用横线分割，从视觉上突出肩部轮廓，有时会在过肩部的衣身前后另加一层覆肩，以御风御寒。此外，常在肩部或袖口处设计肩襻和袖口襻，一般装饰功能大于实用功能，用以辅助款式造型变化。

风衣款式图范例（图 4-4-3）。

图 4-4-3

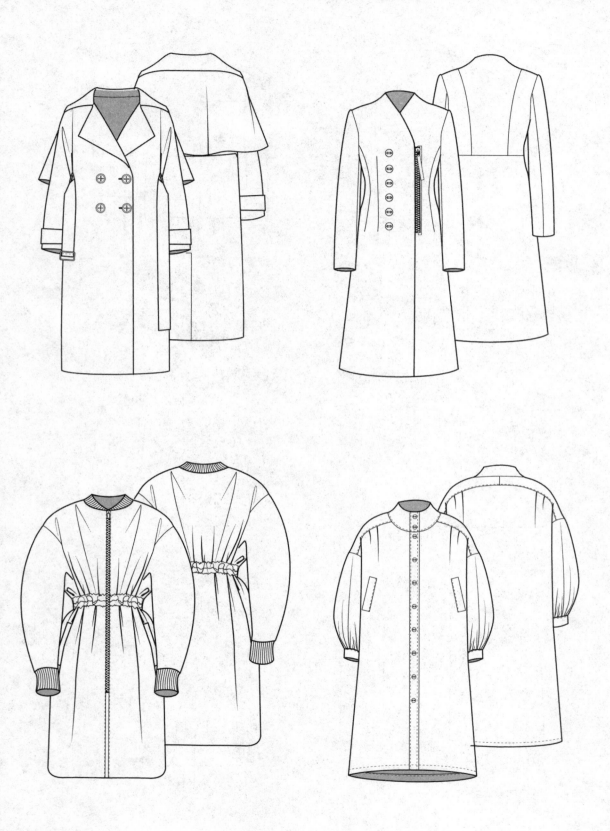

图 4-4-3

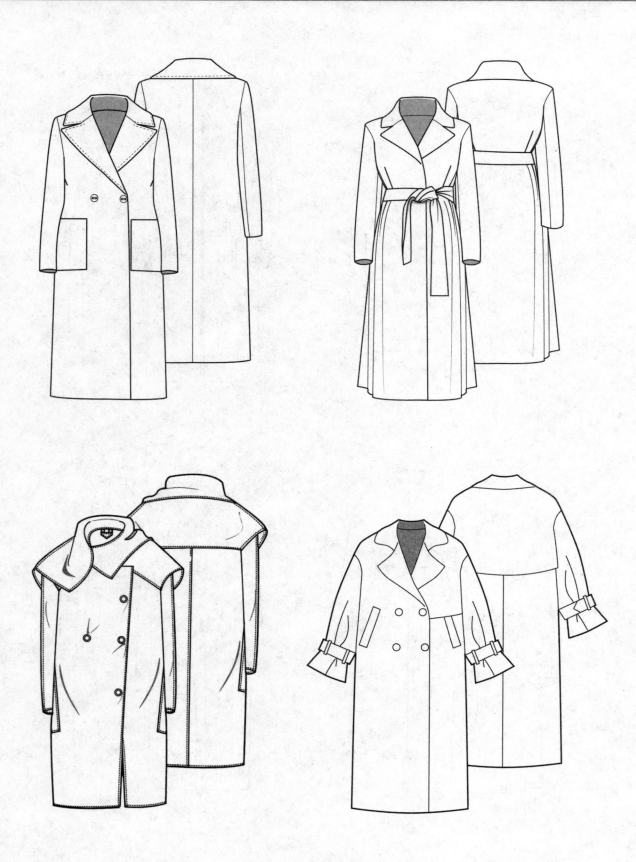

图 4-4-3

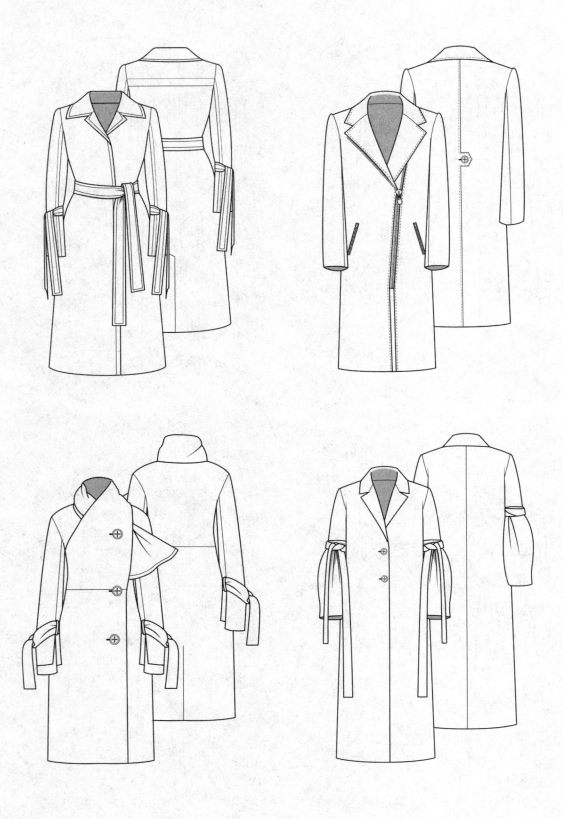

图 4-4-3　风衣款式图范例

四、大衣

大衣是秋冬季最为常见的外套，衣长多为臀围及以下，一般为长袖，门襟多以纽扣、拉链、腰带闭合，保暖的同时也体现出微妙的设计点。

表现要点：首先是廓型设计，大衣的廓型丰富，有茧型、H 型、X 型、A 型等；其次是衣长，通常分为短、中、长三类，短款约在臀围线附近，长款可及脚踝；再者是材料，选择面较广，毛呢、皮草、皮革等材质均是制作大衣款式的首选；最后是细节设计，如门襟、领型、口袋等都是值得推敲的重点设计部位。

大衣款式图范例（图 4-4-4）。

图 4-4-4

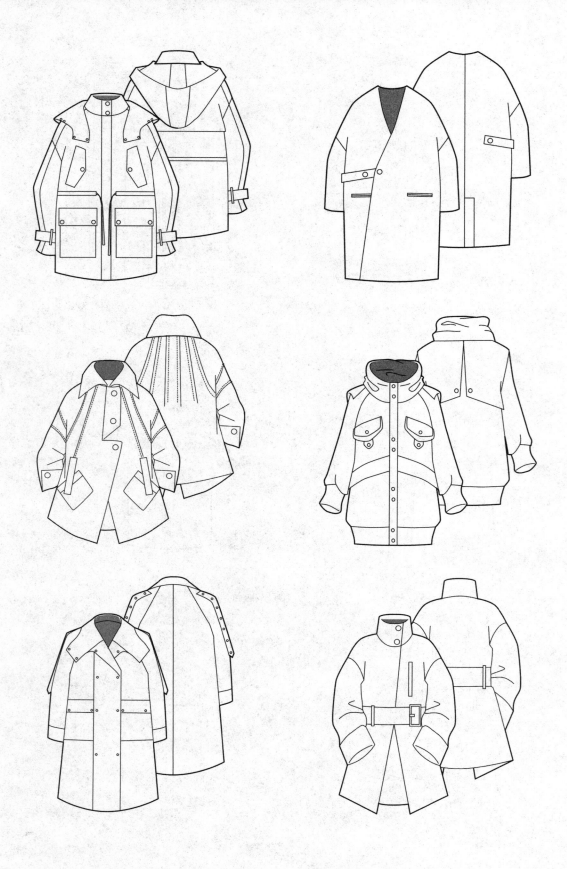

图 4-4-4

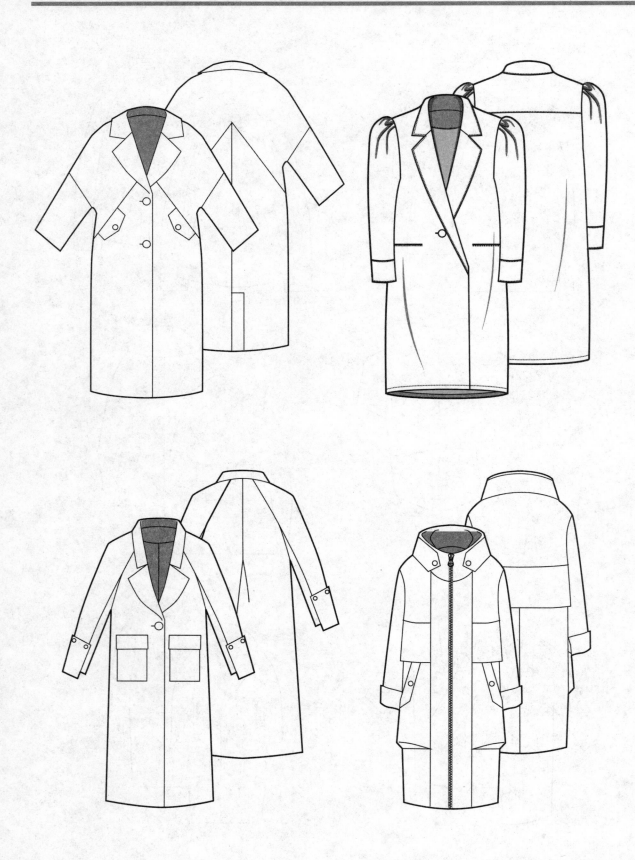

图 4-4-4　大衣款式图范例

五、马甲

马甲是一种没有袖子的服装款式，多以外套形式穿用，休闲宽松风格居多，通常会搭配衬衫、T恤、针织衫或毛衣等，是春秋季的流行时尚单品，如羽绒服马甲、西装类马甲、针织马甲、皮草马甲等。

表现要点：设计重点主要集中在领型和衣身，领型可以是圆领、立领、翻领；衣身结构创意无穷，且长度可长可短；面料和装饰配件可根据整体款式风格而选用。

马甲款式图范例（图4-4-5）。

图 4-4-5

图 4-4-5

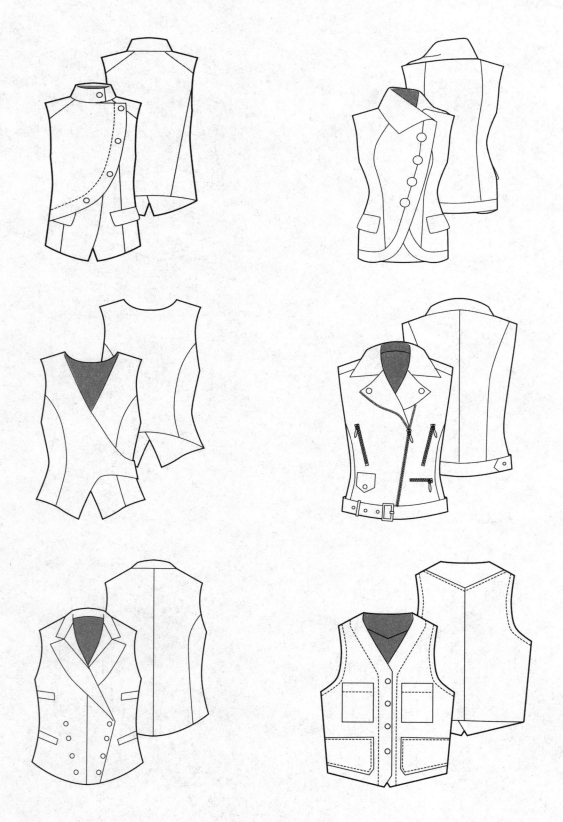

图 4-4-5 马甲款式图范例

六、休闲装

休闲装指日常穿着的便装、运动装之类。款式简洁大方、宽松舒适，可分为运动休闲装、前卫休闲装、浪漫休闲装、民俗休闲装等。

表现要点：以舒适宽松为基本要求，在设计上需保证时装给予人体足够的活动空间，所以插肩袖、落肩袖、蝙蝠袖等袖型较为适合。衣长以臀围线以上、腰围线以下为宜。

休闲装款式图范例（图4-4-6）。

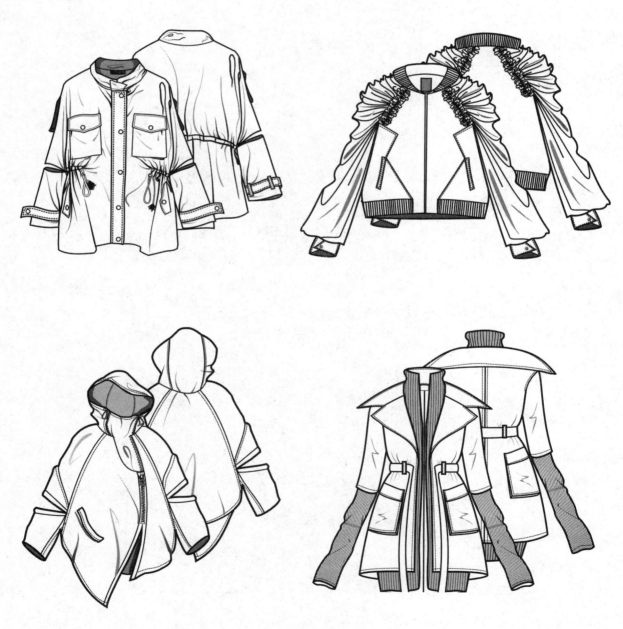

图 4-4-6

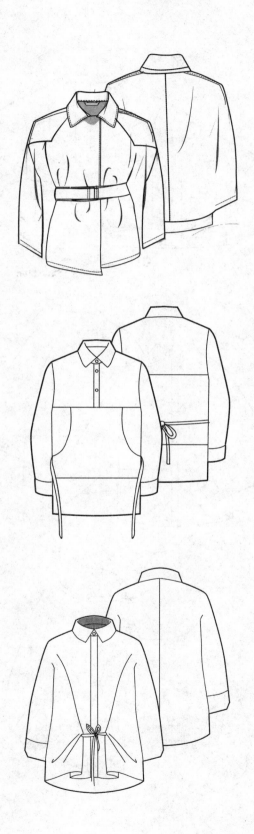

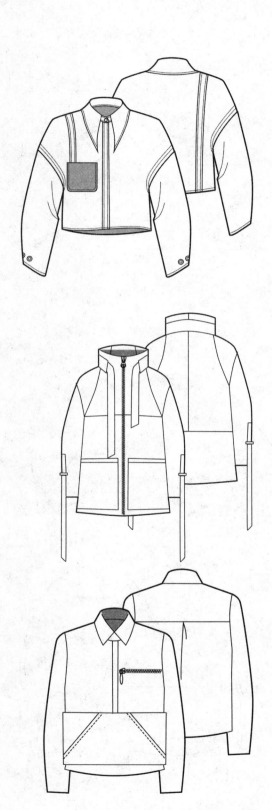

图 4-4-6

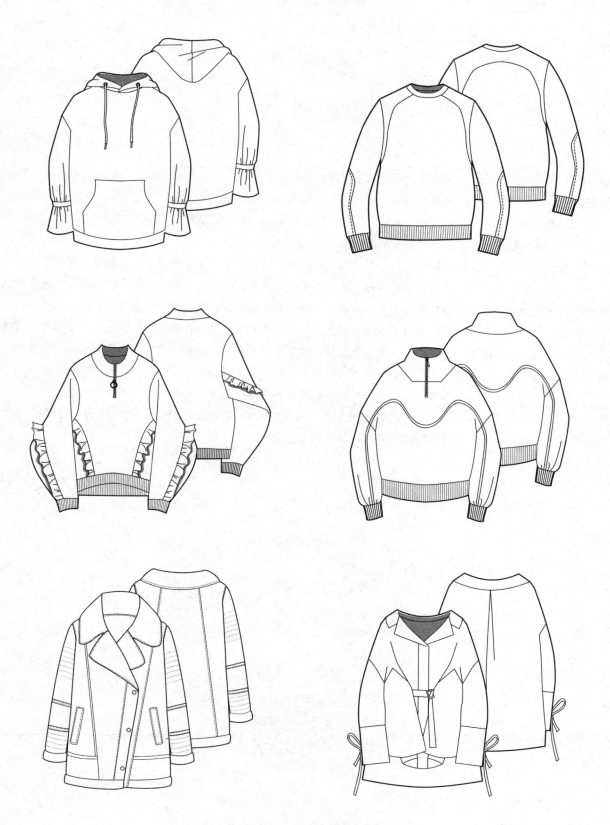

图 4-4-6　休闲装款式图范例

后记
POSTSCRIPT

　　严格而言，精致的时装款式图是一件艺术作品，它不仅对后续时装立体设计起着指导规范的作用，更重要的是，它是设计师独特设计理念的表达，正是在时装款式图的二维平面上，设计师不断地完善创意设计和艺术理想，最终向我们呈现了时装之美。诚然，设计一件艺术作品，表现技法仅仅是基础，但正是凭借熟练的技法，设计师的艺术构思才能百分百地呈现于纸上。

　　时装款式图的表现技法亦是如此。本书对时装款式图表现技法进行了系统论述，并配以大量的实用图例，有助于读者根据图例学习时装款式图的各种技法。期望读者借助这些技法，将自己深层的时装设计理念跃然于纸上。本书图例主要由编者以及四川美术学院和西华师范大学服装设计专业部分优秀师生绘制，除了书中呈现的作者署名之外，还有以下师生提供了优秀作品，他（她）们是：于莹、杨林悦、陈柏丞、汪子程、杨点冰、吴懿琦、庄丽莎、王椰萍、张晴、王成程、李秋霞、胡艳茹、刘奕杉、田甜幸梓、张逸轩、刘畅、王陈等人。由于排版有限不能一一署名，在此，对提供优秀图例的师生一并表示感谢。

　　时装款式图表现技法多种多样，本书只是简单介绍了一些基础技法，若本书能够激发读者进一步发展具有鲜明特征的表现技法，尽善尽美地呈现时装款式图，那么本书的目的也就达到了。"他山之石，可以攻玉"，希望本书能成为有用之"石"，让各位读者获取对自己有用之"玉"。

编者

2018 年 10 月

DESIGN